文人料理店

BUNSHI NO RESTAURANT

岚山光三郎——著
周圣翔——译

文化发展出版社
Cultural Development Press

图书在版编目（CIP）数据

文人料理店 /（日）岚山光三郎著 ；周圣翔译 . — 北京 ：文化发展出版社有限公司，2018.7
（文人之舌）
ISBN 978-7-5142-2347-7

Ⅰ . ①文… Ⅱ . ①岚… ②周… Ⅲ . ①饮食－文化－日本
Ⅳ . ① TS971.203.13

中国版本图书馆 CIP 数据核字 (2018) 第 134226 号

文人料理店

著　　者：[日] 岚山光三郎
译　　者：周圣翔
出 版 人：武　赫
责任编辑：周　晏
责任印制：邓辉明
装帧设计：尚燕平

出版发行：文化发展出版社（北京市翠微路 2 号　邮编：100036）
网　　址：www.wenhuafazhan.com
经　　销：各地新华书店
印　　刷：北京印匠彩色印刷有限公司
开　　本：880mm × 1230mm　1/32
字　　数：100 千字
印　　张：7.25
印　　次：2018年 7 月第 1 版　　2020 年 12 月第 2 次印刷
定　　价：48.00 元
I S B N ：978-7-5142-2347-7

◆ 如发现任何质量问题请与我社发行部联系。发行部电话：010-88275710

目录

CONTENTS

文人料理店

文人料理店是有期限的，
要确认味道就要趁现在

森鸥外与『莲玉庵』

“直接过去的话时间会太早吧。”我说。

“要不要顺道去莲玉吃碗荞麦面啊？”冈田提议道。

我立刻同意，并一同折返莲玉庵。其为当时下谷到本乡一带最有名的荞麦面店。

（《雁》）

莲玉庵
东京都台东区上野2-8-7
03-3835-1594

鸥外对于东京料理店精通的程度，如果他想，可以写出一本《东京料理店指南》。他经常去的店有九段富士见轩、赤坂偕乐园、筑地精养轩、Café Printemps、银座天金、伊予纹、八百善、奥山之万盛庵、本乡三丁目青木堂、钵之木、上野的牛肉料理店世界等，这些店至今大多已消失踪影。

此外，他在二十六岁从德国回国时举办庆祝会的上野精养轩、银座资生堂、位于不忍池畔的鳗屋伊豆荣，至今仍生意兴隆。

四十五岁成为陆军军医总监的鸥外，在高级料理店用餐的机会相当多，经常带着小孩前往人气店家。长男森于菟曾经与他一起去过上野精养轩、九段富士见轩、赤阪偕乐园等。他忆起有次去神田川吃鳗鱼时“等太久，父亲感到相当无聊”（《父亲森鸥外》）。次女小堀杏奴记得最清楚的是有件发生在本乡三丁目青木堂的事情，“当时在青木堂，父亲经常买给我一种装在火柴盒大小，上头贴有油画纸的小盒子内的巧克力。”（《晚年的父亲》）。长女森茉莉则详细地写下了“在佐佐木（信纲）先生的园游会，或是岩崎弥太郎先生的庭园、神田川、天金，度过一年十二个月。上野公园赏花、逛逛浅草的仲见世通、奥山的万盛庵。”（《年少岁月》）。受邀至宫中参加宴会的鸥外，曾将甜点里的牛奶糖、巧克力或糖果藏在军服的口袋里带回家给孩子。

四十五岁时，鸥外在本乡千驮木的自家中举行了观潮楼和歌会，端出了名为雷克兰（Reclams）料理的西餐，是德国雷克兰出版社所出版之雷克兰文库（顺道一提，岩波文库便是以雷克兰文库为范本）中的食谱，由鸥外翻译后，妹妹小金井喜美子及母亲峰子再依此食谱料理。

观潮楼和歌会是森鸥外召集与谢野宽、佐佐木信纲等诗人所成立的和歌会，而后北原白秋及石川啄木也参与其中，和歌会中便供应这道雷克兰料理。虽然只是以绞肉炖煮的汤品，加上盐与胡椒调味而成的德国料理，以及马铃薯可乐饼或高丽菜卷等简单的东西，但附加了“森鸥外家所提供的餐点”这份虚荣，对客人来说可是至高无上的光荣。

鸥外的藏书现存于东京大学图书馆中，附彩色印刷图的医学书籍或贵重的汉书等都受到严密的保管，但雷克兰文库却被埋没于庞大的藏书中遍寻不着。

平成十一年（1999），当NHK（制作公司为Telecom staff Co., Ltd.）将拙著《文人恶食》（即《文人偏食记》）书中鸥外与漱石的部分，制作成一小时的节目《食在文学》时，终于在图书馆的一角发现了被埋没的雷克兰文库。由于是采用硬质封面装帧，因此我没有注意到这本书是文库本。

由于内容是明治时代的德文，翻译起来相当费工夫，好不容易完成食谱，请道场六三郎[①]先生依此重现，并与池内纪之、江国香织等一起享用。这段过程也收录于NHK《食在文学》节目中。

那些料理真的是好吃到不行。经由厨艺高超的道场先生调理，我推测实际的雷克兰料理应该会更咸吧。这节目受到很大的回响，之后甚至在小仓的饭店也举办了“鸥外的雷克兰料理派对”，我还受邀前往演讲，但料理一如预期的并不美味，我也没什么好抱怨的了。所谓“作家的料理店”，并不是只要美味就可以，这点真是有点复杂。

鸥外于德国所学的是卫生学。在细菌学家罗勃特·柯霍（Heinrich

① 一九三一年生，日本知名和食厨师。

下午五点后供应的“玉子烧”。

Hermann Robert Koch）的门下学习细菌学的鸥外，对于生食持有极度的警戒心，水果得先煮过才食用。他六十岁过世前，最后所吃的食物是煮过的桃子。

他喜欢的东西是炖青菜、蜂斗菜、蚕豆、梅子、豌豆、杏子、烤茄子、笋子；讨厌的东西则是福神渍和味噌煮鲭鱼，因为福神渍在战场（他在甲午战争及日俄战争时以军医的身份前往战场）上每天食用，鲭鱼则是在学生宿舍里每天都有的菜色。居住于千住时，每有客人来访便会端出鳗鱼，并特别要求说："给我来份中串[①]"。味道太重的鳗鱼并不是他喜欢的食物，他喜欢的是清爽的和风风味。

在观潮楼和歌会上之所以会供应雷克兰料理，是因为自家做的西餐较卫生，且口味偏和风的缘故。带小孩前往上野精养轩时，他也说过："不要吃美奶滋这种黏不溜丢的东西。"他认为黏稠的料理在制作及盛盘时，容易有细菌并不卫生。

他去政府机关上班时的便当是两个饭团，里面一定会包炒蛋和辣小鱼干，同事私底下说他"未免太简朴了吧"，但他本人可觉得那是上等的饭团。

关于鸥外喜爱的甜馒头茶泡饭[②]及烤番薯，我曾在《文人恶食》（即《文人偏食记》）一书详述，请各位参阅该书。鸥外的女儿森茉莉是这么说父亲的："父亲在身体里饲养着一只狮子，得喂饱才能让它安静下来。"为了要理解这只"骄傲的狮子"的口味，我从上野不忍池一路散步前往"莲玉庵"。

《雁》是鸥外在五十三岁时完成的小说之一，内容是"我"于学生时代住在一间名为"上条"的宿舍里，有位叫作冈田的医学生，对

① 蒲烧鳗鱼串。
② 将包有红豆馅的甜馒头放在白饭上，再淋上煎茶做成的。

一位名唤阿玉的纯情女子怀有情愫。阿玉在婚姻失败后曾自杀，但并未死成，后来成为高利贷业者末造的侧室。阿玉虽然也对冈田抱有思慕之情，但是这份恋情并未开花结果，之后冈田便前往德国留学。

这部描写纯朴医学生与纯洁美少女之间带有淡淡哀愁别离话题的小说，曾改编成电影及舞台剧上演。我手上的新潮文库已一百一十二次印刷，是一部长销作品。莲玉庵这间荞麦面店便出现在《雁》这部小说之中。

冈田每天的散步路线是从寂寥的无缘坂开始，绕行不忍池的北侧，在上野公园漫游之后穿过广小路，经过狭隘的仲町，接着进入汤岛天满宫。在《雁》中出现的地名，现在依旧留存，因此能够依照鸥外所写的路线漫步。里面提到“狭隘的仲町”，就是现在称之为“仲町通”的饮酒街，进入街道后前进二十米左右，就是几乎要被西餐厅、居酒屋淹没的莲玉庵。

蔓草从入口的盆栽爬上格子窗，古老的木制广告牌上以白字写着“莲玉庵”（久保田万太郎[①]书）。

穿过暖帘进入店内，里头有七张桌子。酒为菊水[②]，一点马上就会送上桌，温度刚好，这家店将酒称为“御酒”。小菜是煮到非常入味的昆布佃煮[③]，鸥外很喜爱。鸥外喜欢的玉子烧，表面带着一点点焦，甜味适中，上面还放了点海苔佃煮。

烤鸡肉丸很香，旁边附有味噌蘸酱。烤海苔亦是鸥外喜爱的食物。莲玉庵的下酒菜仅有八样，每道都朴实无华，是不需要解释，恰到好处的味道。厚切的鱼板可蘸现磨的芥末，柚子味噌煮星鳗则做成

---

① 久保田万太郎（1889—1963），日本小说家、剧作家、俳句诗人。
② 日本酒名。
③ 佃煮，利用酱油、糖、水，有时也加入昆布、味醂等将炖煮食材至汤汁收干为止。

了冻状。

莲玉庵距离鸥外居住的观潮楼约有两公里，由千驮木经不忍通步行约二十分钟可到。森茉莉时常回想起“我常与父亲一同前往鳗鱼屋或荞麦面店。父亲一入店便会解下军刀，将它放倒摆在壁龛的角落。”（《鞋音》）“这样摆就不用担心会倒了。”他这么说之后，便将坐垫拉到适当的地方盘膝而坐，鸥外不管去哪里都是军服配军刀的打扮。

在《雁》中登场的高利贷业者末造，是一位认为“在莲玉庵吃荞麦面是一种奢侈”的吝啬男子，但却是鸥外自身在书中的投射。楚楚可怜的阿玉，推测是以鸥外侧室的儿玉石为原形。鸥外自二十八岁与第一任妻子登志子分开后，直到三十八岁登志子去世为止都是单身，在这段时间，他有一位叫作儿玉石的地下妻子。关于儿玉石，“是一位生活在忍耐顺从的世界里，没有什么智慧或教养，大抵而言是一位善良且相当美丽的可怜人。”（森于菟《鸥外的地下妻子》）

登志子去世两年后，三十九岁的鸥外与小他十八岁的茂子再婚。《雁》则在与茂子再婚九年后的明治四十四年（1911）九月，开始在杂志《Subaru》上连载。

鸥外为了追忆已经分手的儿玉石，便以“阿玉”的身份让她再生，甚至还有将自己贬抑为反派丈夫的肚量，但在故事的最后他还是补上了：（关于阿玉的消息）“读者毋须做无用的臆测”。

在《Subaru》连载的《雁》，由于明治天皇驾崩及乃木希典夫妻殉死等事件，执笔两年间曾数度中断，连载至大正三年（1914）结束。这个恋爱故事的标题为何是《雁》呢？理由到接近最终章时才被点出。

小说里写道：“我”与冈田、石原等这些住宿生对着池塘里的雁子丢石头抓雁子，石原说：“我今天请大家吃雁子。”将飞到池塘里的雁子捉来食用，可能是学生时代实际发生的事，并以此构思出小说《雁》。冈田觉得雁子可怜，同情地说：“这雁子真是太不幸了啊。”

使用雾下面家的“荞麦凉面”。

盛着满满的葱，非常美丽的“鸡肉南蛮面”。

因此约“我”:“还是去莲玉吃碗荞麦面吧? ”“不幸的雁子”同时指的也是阿玉。

莲玉庵于安政六年（1859）在不忍池边开业，第一代老板八十八以不忍池莲花上的露水为意象，取名莲玉庵。除鸥外之外，坪内逍遥、樋口一叶等明治时代的文人也经常前来的这间老店，现在由第六代老板泽岛孝夫掌管。

下酒菜是烟熏鸭肉，上头铺着切成薄片的白葱。蘸上黄芥末食用，马上令人联想到《雁》的最后一景。

莲玉庵的御酒及下酒菜都是日币六百三十元（烤海苔除外），荞麦凉面也是日币六百三十元。荞麦面非常有弹性，味道清爽而顺喉，酱汁带点辛辣。这是一家保有传统风味的店，难怪鸥外会喜欢。

莲玉庵在昭和二十九年（1954），由不忍池迁至附近的仲町通。店内来客许多是大学教授或当地的职人，个个都有下町高雅的气质，构成一片明治风情。可以在莲玉庵喝上一杯，仿佛自己也是个叫得出名号的文人。

森鸥外（もり・おうがい，1862—1922）

生于石见国津和野，毕业于东京帝国大学医学部，以陆军军医的身份前往德国留学，归国后创办文艺杂志《栅草纸》（**しがらみ**草纸），展开文学评论活动。在晋升至陆军军医总监的同时，也从事《舞姬》等创作，《即兴诗人》的翻译、《Subaru》的创刊，在日本近代文学史上留下重要的足迹。之后转向历史小说、史传，代表作有《阿部一族》《高濑舟》《山椒大夫》等。

夏日漱石与『松荣亭』

四月二十日　星期六

今天的午餐　鱼、肉米、马铃薯、布丁、菠萝、核桃蜜柑

七点晚茶　姐妹们都外出去量新居的窗帘等尺寸了。

天气非常晴朗，难得吹起了风。

《日记 明治三十四年》

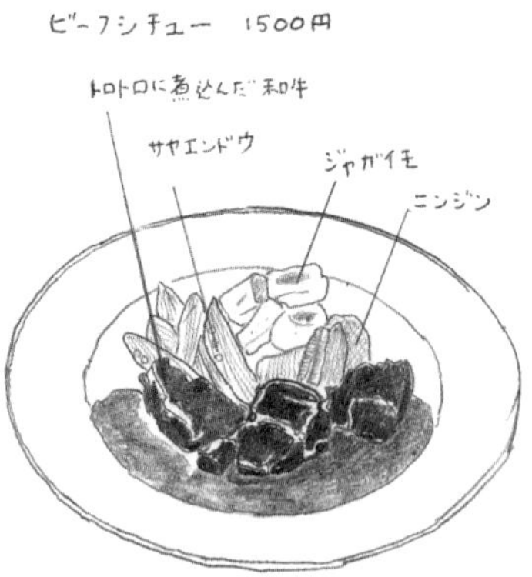

松荣亭
东京都千代田区神田淡路町2-8
03-3251-5511

松荣亭是于明治四十年（1907）创立的西餐厅。第一代老板堀口岩吉生于万延元年（1860），于横滨学习西餐后，来到东京，在曲町的西餐厅宝亭当厨师。

建筑家理查德·希尔（Richard Seel）相当欣赏他的手艺，延请为他的私人厨师，后来也因为希尔的介绍，成为东京帝国大学由德国招聘而来的哲学教授柯贝尔（Raphael von Koeber）的家厨。

漱石自英国归国，担任东京帝国大学英文系讲师，是在明治三十六年（三十六岁）。漱石的年龄与明治的年号相同，因此相当好记。辞去大学教职进入东京朝日新闻社，是在明治四十年，刚好也是松荣亭第一代老板创业的那一年。

漱石担任英文系讲师时，曾带着幸田露伴的妹妹幸田延（钢琴家）前往柯贝尔教授家游玩。

“麻烦做些特别的料理吧”。突然来访的漱石这样要求，完全没准备的岩吉将洋葱、猪肉、鸡蛋加些面粉和成一团油炸，感觉是随便凑合出来的一道菜，却大受好评。

岩吉在柯贝尔家担任家厨的同时，也创立了小小的西餐厅松荣亭。

当时为漱石所做的炸物，也以西式什锦炸饼的形式在店里推出，大受好评成为了具代表性的人气料理。这道菜的由来是三十五年前池波正太郎告诉我的。我在《太阳》杂志的同事筒井顽固堂（筒井ガン堂）是池波先生连载专栏《散步时总想吃点什么》的责任编辑，当时我也跟着一起编这本书。

得知这是漱石喜欢的西餐后，我无论如何也想要吃到。松荣亭的西餐很实在，制作十分用心，菜色多，价格又便宜，有浓浓的明治时代料理气味。话是这么说，但我又没经历过明治时代，实际是何种味道我也不清楚，但它让我有这样的感觉。这是从第一代的岩吉到第二代信夫、第三代博一路传承下来的味道，也就是“日本的西餐”，是将西餐以日式手法调整的创意料理，保留了原形，这种料理在国外是吃不到的。

西式炸什锦饼是日币九百元，经过一周炖煮的牛肉烩饭是九百元，炸虾一千一百五十元，干咖喱六百八十元，渍物一百元。价格最贵的红酒炖牛肉也只要一千五百元。

每样菜我都好想吃，于是变成池波式聚会，也就是一次找好几个人一起去，可以点很多菜大家分着享用。炸什锦饼、牛肉烩饭、红酒炖牛肉每道菜都能吃到一点，真令人开心。

漱石创作《我是猫》是在明治三十八年（1905），创作《少爷》是在明治三十九年（1906），也就是说，他担任教师的同时，也创作了他的代表作，刚好也是他光顾松荣亭吃炸什锦饼的时候。“少爷”这个角色是一个大胃王，能够吃四份天妇罗荞麦面，因而有了一个绰号叫“天妇罗老师”。

漱石在明治四十年（1907）辞去教职，进入朝日新闻社后，开始经常受邀参加宴会。原本胃就不太好的他，在伦敦因不习惯食物导致神经衰弱，回国后马上恢复食欲、胃口大开，不过在朝日新闻社得持续定期写小说的压力还是让他胃痛不已，虽然食欲旺盛，却无法吃得太多，他更讨厌注重形式的宴会料理。

他的友人及弟子常经常聚集在他位于早稻田的家中，例如酒品极差的铃木三重吉、一口气可以吃下六片猪排的内田百闲、把那里当自己家的小宫丰隆、自顾自吃着眼前这些西餐的高滨虚子等，真是人才济济。还有仍在学的芥川龙之介、久米正雄也会前来，每次都会演变成一场盛大的宴会，每每吃完从神乐坂川铁送来的鸡肉锅，场面便逐

简单而讨喜的“西式鸡肉炒饭”。

渐失控，铃木三重吉必喝得烂醉、发酒疯。

安倍能成或松根东洋城每次到漱石家，都会经过神乐坂的田原屋外带汉堡排、炸虾。漱石虽然肠胃不好，却特别喜爱西餐。在自家宴客时，必端出西餐或火锅，也是因为想找人和他一起吃。

漱石在明治四十年（1907）创作《虞美人草》、四十一年（1908）创作《梦十夜》、四十三年（1910）创作《门》，这段时间累积的压力已到了极限，最后因胃溃疡住院，为养病前往修善寺温泉，又大量吐血陷入病危，即后世所称“修善寺大病”。

来年的四十四年（1911）七月十日，漱石先拜访安倍能成后，再前去柯贝尔教授之家。有人说，西式炸什锦饼就是岩吉在当天端出的料理。若是如此，那么或许是岩吉知道漱石胃不好，因以猪肉、洋葱、鸡蛋与面粉为食材，下锅清炸，端出这道易入口的料理。

从漱石归国后的日记中，找出关于食物的部分，提到的有：

京都二条桥旁的西餐，京都键屋的西式糕点，观世落雁[①]，月饼，大阪朝日新闻社的饭店晚宴，京都一力亭，糖渍柚子皮（伴手礼），开化丼[②]，神天川的鳗鱼，红屋的糖馒头，彼岸时节[③]的萩饼，星之冈茶寮（寺田寅彦的欢送会），糖渍秋田蜂斗菜（伴手礼），越后的笹糖（伴手礼），滨町的高级日式料理店常盘，西洋轩的寿喜烧，鹌鹑料理，鸡肉寿喜烧，俄式炸面包（有米、肉、高丽菜三种口味），果酱，沙丁鱼，松元楼（虚子来访时带来的西洋料理），上野精养轩（聚会），藤村的甜点（羊羹，小宫丰隆带来的），银座法国料理，炸虾，于小川町风月堂享用红茶及生果子（痔疮手术后的回程），馅衣饼（京

---

① 类似绿豆饼的糕点。
② 亲子丼的变形，鸡肉换成牛肉。
③ 春分、秋分前后一周，扫墓、为已故者祈求安心。

都三年坂阿古屋茶馆），到京都旅游时购买的罐头、鸡肉、火腿、巧克力、生豆皮与豆腐，京都河村的点心（伴手礼）。

里头看不到从国外回来的日本人最想吃的寿司、茶泡饭或荞麦面。

漱石被认为喜欢荞麦面，是因为他从伦敦寄给镜子夫人的信中写着："回日本最令我期待的一件事，就是可以吃到荞麦面、日本米，穿日本服装，躺在有阳光撒落的缘廊上看着庭院，此为敝人的愿望。"这是他在伦敦的想法，实际上他非常讨厌荞麦面、乌龙面，喜欢甜点与油腻的西餐。

漱石不喜爱宴会的理由，是因为不适应酒席沉重的气氛，以及因为胃酸过多，吃不惯日本料理。归国之后他更加喜爱西餐。

根据漱石的日记我们可知，在明治四十年代日本已出现许多的西餐厅。由于西方文明传入日本，短期间内开了不少西餐厅。但实际运作情况不同，有许多业者是看别人怎么做，自己再跟着做。明治时代的西餐，是从横滨与神户发迹的。松荣亭的第一代老板岩吉便是在横滨学习后，成为洋人家中的厨师并继续钻研，因此做法十分地道，正统的同时兼具家庭料理的朴实。

虽是突如其来的要求，岩吉还是以现有食材精彩地做出这道西式炸什锦饼，因而成为一则轶事流传下来，这道临机应变的料理，做不好恐怕就会被批评"这种东西也敢端出来"，且来客是自英国海归的漱石，搞不好会因此无法再担任厨师，然而岩吉还是轻松地完成任务，端出这道魔法料理。

松荣亭除了西式炸什锦饼以外，也保留着明治时代的菜单。例如，蔬菜色拉（五百五十元）是马铃薯色拉，因为明治时代不吃生菜。红酒炖牛肉是用心费工熬煮，将美味封入其中。该店直至明治三十六年为止都还使用木炭烹煮，西式炸什锦饼也是在烧木炭的炉里油炸。

西式鸡肉炒饭的米粒粒分明，西红柿的香气扑鼻而来，调味十分简单。因为客人常留下巴西利叶不吃，他们也就不放此香料了。可知他们随时都在观察客人。

漱石喜爱的西式炸什锦饼，洋葱的甜味融入面糊中，咬起来有十足的弹性。在刚炸起锅冒着热气的炸物上，迅速地淋酱汁后食用，仿佛回到明治时代。形容奥姆蛋是有咬劲的不知道是否恰当，总之是一旦吃过，会让人想要“下次带朋友一起来吃”想向朋友炫耀的味道”。

我与筒井顽固堂去的时候，在三楼的屋檐上，挂着用油漆写着“西洋料理 · 松荣亭”的大广告牌。清爽的味道是日本人喜爱的口味，且与日本酒很合。顽固堂会一直坐在吧台前喝酒喝到营业时间结束，让店家十分困扰。可以喝日本酒配西餐，这点深得池波正太郎的心。

平成十五年时，他们搬往隔壁，但店内依旧一如往常，除了吧台前的三个座位外，还有七张桌子（十八个座位）。白底上写着“松荣亭”三字的日式门帘也一如往常。

这间位于神田淡路町、家族经营的店，之后因为常有阪神虎队的球员前来而热闹非凡。这附近的饭店是阪神虎队的宿舍，因漱石而诞生的西式炸什锦饼，也成为江夏丰、田渊幸一、挂布雅之这些选手喜爱的食物。

岩吉所发明的西式炸什锦饼，因为外形的关系被昵称为“草鞋”。客人一进到店里便喊声说“草鞋一片”，可说是老东京人的习惯，漱石要是听到应该会很开心吧。

第二代的信夫更大器，他重新推出大正时代的可乐饼（六百八十元），将西式炸什锦饼的昵称从草鞋改为飞行船，既摩登又时尚。比起“草鞋一片”“飞行船”感觉又更高级。

第三代的博把西式炸什锦饼称为橄榄球，让阪神球员吃了更有力

应漱石的要求所设计的“西式炸什锦饼”。

第四代老板新开发的菜色“蛤蜊巧达汤”。

气打球。第三代老板新加进菜单的是高丽菜卷（八百五十元）。一进店内，菜单的牌子挂了三十张左右。我们进门时，八百五十元的炸牡蛎已经售完，牌子反盖着。

因此。我们点了蛤蜊巧达汤（六百元）。以前并没有这道菜，是第四代的毅才开始有的一道汤品。因为是家族经营，才能实现这样的美味传承。第四代老板会再如何改良西式炸什锦饼？第三代老板开发的橄榄球命运会如何？在天上的漱石老师也正注目着这一切。

夏目漱石（なつめ · そうせき，1867—1916）

生于江户时代的牛込。本名为金之助，毕业于东京帝国大学英文部，于松山等地担任教师后，考上文部省留学生前往英国留学。归国后，发表《我是猫》，之后接着创作《少爷》《草枕》《三四郎》《从此以后》《心》等作品，为日本近代文学打下基础，最终执笔的《明暗》未完成便去世。

泉镜花与『鱼德』

将め组手上的水盆掀起盖子往里面一看，
鲷鱼亮丽而闪耀，如同观赏广重的画作，
虽没有柳树的倒影，但河岸朝晨的月影，
依旧留存在鱼鳞上并未消散。
利落地将砧板架在水盆上头，一尾三十公分
的鲜红鲷鱼，拍打着身体翩然一跃而上。

（《妇系图》）

あさりと小松菜のおひたし

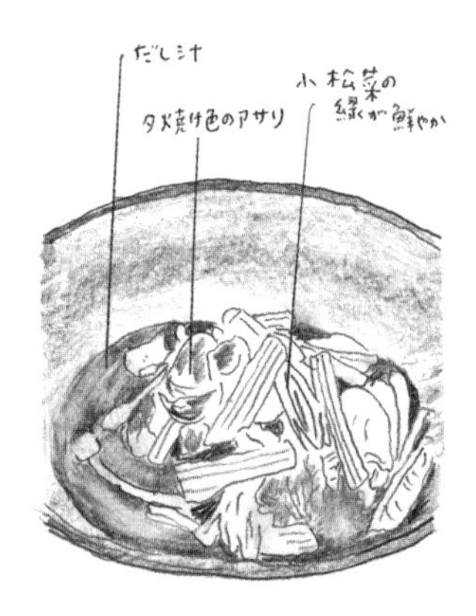

鱼德
东京都新宿区神乐坂3-1
03-3269-0360

当"うを徳"（旧名"鱼德"）于大正九年，在神乐坂的轻子坂创立日本料理店时，泉镜花写了"鱼德开店祝贺文"如下：

此处的四季景色，有筑土之雪、赤城之花、若宫之月、目白之钟以及神乐坂望向见附的晴岚。神诞时行人穿着长和服、艺妓的绯色缩缅[1]和服点缀着街景、天黑后下起了夜雨。（中略）……在主舞台的高台上，有不输金鯱[2]的广告牌、老店整修后重新开业、随着店旗升起，迎风价响，正式向世人宣告料理店鱼德之名。

鱼好、酒好、味道好，还有一个无人可及的优点在于，此店老板的气概，简直就是化为人形的鲣鱼……（中略）……

因店主说"承蒙各位支持，敝店始得愈加兴隆。希望有个地方能让各位不需有所顾虑，能络绎不绝地来店、轻松入座"，于是我问那取名"鱼德"如何？他双膝跪下，双肘撑地，说：没问题、就这样决定、就这样、没问题。店主气势十足却不擅言词，因此仅由与他相熟的我代为向各位致意。（大正九年三月吉日）

实际的祝贺文，长度是前述所引用的两倍，甚至还提到"本店备有浴室"这样的内容。他说店主"简直就是化为人形的鲣鱼"，是赞扬他"完全专注于服务客人，在菜色上极度用心"的态度。再加上

① 一种纹路较细的和服布料。
② 名古屋天守阁上的装饰，城主权势的象征。

“（店主）不擅言辞，因此仅由与他相熟的我（镜花）代为向各位致意”，由此可见他对这间店喜爱支持的程度。镜花口中“不善言辞的店主”，指的就是“鱼德”第一代老板萩原德次郎。

镜花写下开店祝贺文是在四十六岁时，当时他住在曲町下六番町。他与小他八岁，原名阿铃的艺妓桃太郎住在神乐坂，是在他二十九岁到三十一岁的这两年多之间。正确来说，是在明治三十六年（1903）二十九岁的三月，于牛込神乐坂二丁目二十一号与阿铃同居，四月时被人发现同居之事，被老师尾崎红叶叫去严厉地斥责一顿。认为镜花现在结婚还太早的红叶相当生气，问他：“你要放弃我，还是放弃那个女人？”（之后成为《妇系图》中著名的一幕）。

“老师，我放弃那个女人。”镜花清楚地说出他的选择后，与阿铃暂时分居，当年十月三十日红叶便过世。临终前召集门下弟子的红叶，留下了这样的话：“从此以后，吃些粗糙的食物活久一点，就算只是一本也好、一篇也好，一定要留下好作品。”镜花代表所有弟子朗读给红叶的悼词，在这则著名的悼词中，透露出镜花强烈思念老师红叶的情感，但唯有与阿铃分别的始末，若不写在《妇系图》中，心情就无法抒发。

在镜花九岁时，母亲因天花病逝，致使他一辈子无法逃离对于病毒的恐惧，极度厌恶细菌。他完全不吃生鱼片，认为虾蛄、章鱼、鲔鱼、沙丁鱼是杂鱼，非常厌恶，只吃盐烤鲑鱼与长鲽以及鲷鱼汤等少数几样。至于蚕豆，他说只要每吃一颗，肚子就跟着痛一分，因此没有办法食用。根据他的食物厌恶轶事，发现他还因为讨厌豆腐的“腐”字，而写成“豆府”。

肉类除了鸡肉外全都不吃；一辈子没吃过茼蒿，因为他相信一种叫作虎甲的毒虫会将卵产在茼蒿茎的气孔里，《龙潭谭》是一位少年由于虎甲毒发作，因而面目全非令人不忍再睹的故事；喝的茶是将焙茶煮滚，加入盐后饮用；木村屋的红豆面包去馅、上下稍微烤过后，剥

将虾肉打碎后，与洋葱丁混合做成的“海老真薯”。

除手指头碰到的部分，只吃完全没碰到的地方。

外出旅行时，会将煮沸过的日本酒装入保温瓶带着；萝卜泥须煮过才吃。他非常害怕细菌，随身带着装有酒精棉花的容器，不时拿出酒精棉花擦拭指尖消毒。跪在榻榻米上行礼时，会将手背面向地板而不碰地，再低头行礼。汤也是里面只要浮有一片柚子皮他就不会喝；巧克力他说有蛇的味道所以不喜欢。

他从小就肠胃不好，对于食物的好恶分明，三十岁时染上疟疾，让他体验到濒死的恐怖。在《憎蝇记》里，出现了小睡片刻时被苍蝇袭击而几乎要死去的幼儿。他异常害怕苍蝇会带来细菌，所以在烟管的吸嘴装上以千代纸揉成的自制护套，酒壶、土瓶的注口也一样。

他严重的洁癖，是由于跟着身为金属雕刻家的父亲生活，从未体验过与双亲的相关性信赖关系，根据精神科医师吉村博任的说法，这是一种“厌食症”（Cibophobia）的病征。

他在十七岁时拜入红叶门下，为其看门，二十岁时因为父亲过世而回到故乡金泽。在金泽度过八个月的时间，他急速神经衰弱，想要自杀，后来是在红叶写信鼓励下才打消念头。

像这样对食物好恶分明的镜花，之所以会为“鱼德”开幕写宣传文是有原因的。

在金泽长大的镜花，从小吃着在日本海捕获的新鲜渔获，所以吃不习惯东京的鱼。现今的金泽人，也还有类似的倾向。

德次郎出生于芝，在八丁堀拥有一家专门外送的店，他将东京湾刚捕捞上岸的鲜鱼，用扁担挑着来卖给镜花，因此早在“鱼德”于神乐坂的轻子坂开店之前，德次郎就已深受镜花喜爱，是二十九岁镜花与阿铃居住在神乐坂的时代开始就认识的好友。

镜花在明治四十年（1907）三十三岁时，于《大和新闻》连载的《妇系图》中，德次郎也化为绰号“め组”的鱼贩惣助登场。“め组”这个绰号，是由于他来自因“め组的纷争”[1]闻名的芝这个地方而来。“め组”是一位活泼的江户鱼贩。

袢缠有点脏，腰带的颜色也褪了，用三尺带将不合身的长裤系紧，唯有手中的水盆是美丽的。往常都是将毛巾绑在前额，但已连续四五天是大晴天，只得在压扁的帽子上再盖上莲叶，但是看起来一点也不清凉。

《妇系图》

太太阿茑叫这位鱼贩“め先生”，丈夫主税则叫他“め组”。

将め组手上的水盆掀起盖子往里面一看，鲷鱼亮丽而闪耀，如同观赏广重的画作，虽没有柳树的倒影，但河岸朝晨的月影，依旧留存在鱼鳞上并未消散。

利落地将砧板架在水盆上头，一尾三十公分的鲜红鲷鱼，拍打着身体翩然一跃而上。

《妇系图》

以洗练又精雕细琢的镜花文体，交织东京下町职人生动的语调，赞扬了め组的男子气概。镜花从以前就喜爱江户风，他在曲町的自家住宅、家具器物皆大量选用古董，连穿着也颇具自我风格，毫不妥协。め组非常单纯，剖鱼的手法干练，中气十足地拿着菜刀的站姿相当好看。处理鲷鱼时，鱼鳞会一片片地散落（他将鲷鱼称作TEE，而

① 江户时代的消防小队以四十六个假名命名，め组即为其中一组。“め组的纷争”是一八〇五年三月，め组人员与相扑力士从小争端演变成集体斗殴的事件。

不是称作TAI）。他气势十足地喊着："我在河岸买到最棒的鱼，汗流浃背地跑来了。"

在新派的舞台上演的《妇系图》，め组成了阿茑、主税两名主角旁的知名配角。

"め组拥有打开百宝箱的魔术"。因此才深受镜花喜爱。得知め组在神乐坂开料理店后，镜花便想着要为他写篇宣传文。镜花为料理店写开幕宣传文，自始至终就仅有"鱼德"这么一间。

轻子坂位于神乐坂街隔壁的一条路上，因搭船前来的小贩会背着轻笼①从神田川沿岸（现在的护城河）上陆而得名。

由德次郎开设的"鱼德"，之后改名为"うを德"，现在传承到第五代老板萩原信男。信男的弟弟萩原哲雄也在神乐坂开了一家叫作"め乃惣"的日式料理店，就位在神乐坂的小巷子里。

轻子坂的"うを德"是被黑板墙包围的独栋建筑，一楼有两间和室，二楼则是铺设榻榻米与座位的开放式大空间，至今仍有镜花所喜爱的鲷鱼汤，鲷鱼高汤浓浓的鲜甜滋味，就像镜花的小说，浓厚而高雅。带皮的鲷鱼片淋上滚烫热水做处理的生鱼片，也是德次郎传承下来的一道菜。炖八头芋是沿袭江户的料理手法，吃起来甜甜咸咸。镜花觉得虾子的外形很恐怖而讨厌虾子，但若是"うを德"著名的海老真薯，或许就能吃得很开心吧？因为虾子已经过菜刀切碎后再油炸，完全不见原形。

身为镜花迷的我，感觉"うを德"端出来的料理是要献给天上的镜花，而我则是吃着供奉镜花后的餐点。

每次前往金泽，我都会访问位于下新町的泉镜花纪念馆（镜花老家遗址），拜访少年镜花曾经游玩过的久保市神社，可惜的是镜花

---

① 用草绳编织而成的四方笼。

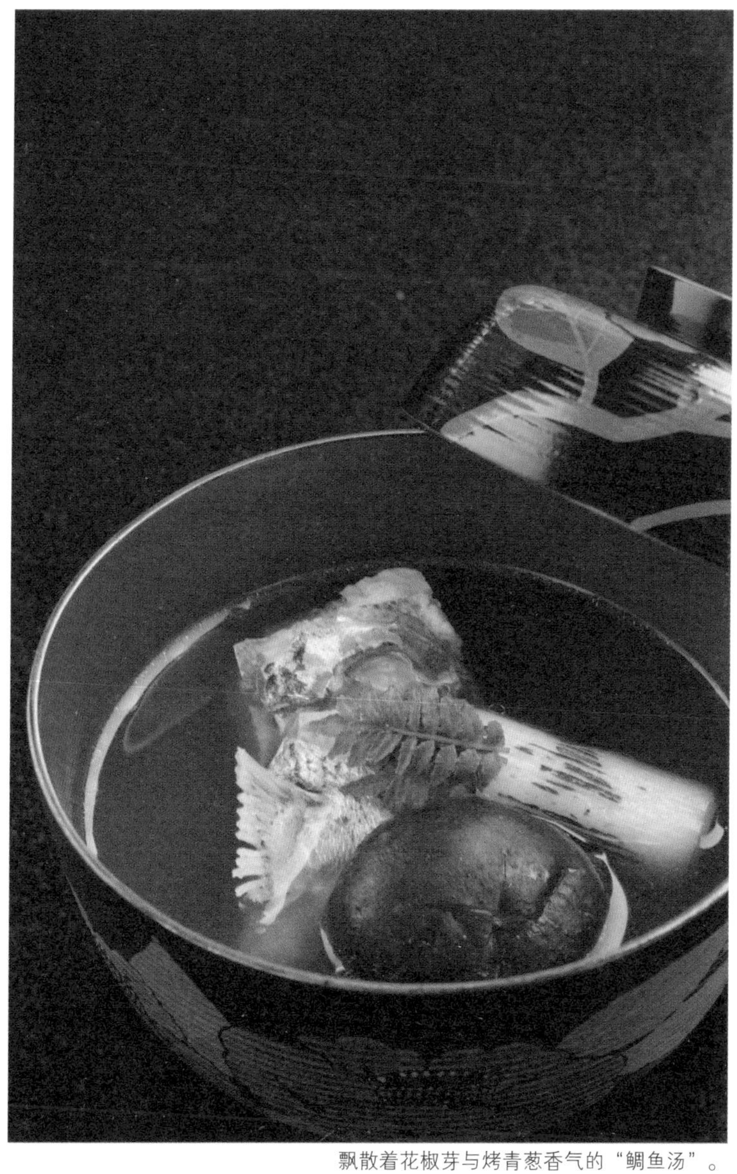

飘散着花椒芽与烤青葱香气的“鲷鱼汤”。

有江户风味的“炖八头芋”。

在金泽经常前往的料理店，现在都已不复存在，因此我只好改前往近江町市场。

镜花在四十六岁时所写的《寸情风土记》中，陆陆续续地提到鱼板、松茸、鲭鱼、初夏的鲣鱼、已剖开且处理过的鰤鱼、香瓜、串烧泥鳅、煮栗子、烤栗子、熟寿司等在金泽市场贩卖的食物。熟寿司是被称作“红叶老师特别奖”的豪华料理。文中提到了治部煮，详细记载“在酱汁里加入慈姑、生麸、松露等配料，鱼肉鸡肉裹粉后一同熬煮，再以芥末调味。”

镜花虽有厌食症，但对于料理却是透彻了解，并以金泽的美味自豪。“拔萝卜是家家户户都会有的活动，再将萝卜吊在屋檐下风干后，在自家厨房里制成腌萝卜干，闲话家常时就会聊到今天某人的家要拔萝卜之类的。”

镜花二十四岁时将户籍地由金泽移至东京，却始终无法完全成为一名地道的江户人。他虽然喜爱酒，但喝两杯就烂醉，且醉后他天生顽固的性格更是火上添油。

想象着自己在“うを德”的和室暗处，被喝醉的镜花怒斥说：“你这家伙是在写什么屁话啊！”忍不住自顾自地开心了起来。

泉镜花（いずみ · きょうか，1873—1939）

生于金泽，来到东京后成为尾崎红叶的学生。明治二十八年发表《夜行巡查》与《外科室》，跻身作家之列。之后，朝向以《高野望》或戏曲《天守物语》为代表的浪漫、神秘文风发展，一跃成为人气作家。与神乐坂的艺妓桃太郎结婚后，许多作品中都有艺妓登场，如《妇系图》《歌行灯》等。影响里见弴、谷崎润一郎、芥川龙之介等人甚巨。

永井荷风与『亚利桑那』

在浅草商店街东方小路里的西餐厅亚利桑那享用晚餐。

味道竟出乎意料地不差，价格亦便宜。

汤八十元、炖菜一百五十元。

（《断肠亭日记》昭和二十四年七月十二日）

亚利桑那
东京都台东区浅草1-34-2
03-3843-4932

荷风初访“亚利桑那”是在昭和二十四年（1949）七月十二日，当时他已是一个六十九岁的孤僻老人。他在日记里写道：“在浅草商店街东方小路里的西餐厅亚利桑那享用晚餐。味道竟出乎意料地不差，价格亦便宜。汤八十元、炖菜一百五十元。”

亚利桑那创店于同年五月十八日，是荷风造访之时的前两个月。这间由纯正的浅草当地人松元清所创立的西餐厅，很快地就有好口碑，并传到了浅草通荷风的耳中。老板是喜欢演员克拉克·盖博（Clark Gable）的爽朗男子，原本想把店名取为佛罗里达，但在新桥有一间歌厅同名，因此决定改取名为亚利桑那。在店前的门廊摆着篷车、大酒桶、巨型仙人掌和椰子树，乍看之下让人以为是西部电影里的酒吧。

自这天起，一直到七十九岁去世为止，荷风不间断地去亚利桑那，在他的日记之中连日写着浅草亚利桑那、浅草亚利桑那，千篇一律都是在亚利桑那吃午餐，那儿变成了荷风固定用餐的食堂。

荷风从小养成他挑剔的舌头。

他的父亲永井久一郎是位任职于内务省卫生局的高级官员，之后以日本邮船上海分店店长的身份派驻上海，因此荷风在小时候便已体验海外生活，十七岁时便已会到吉原玩乐，显露出放荡的潜质。

荷风在明治四十一年（1908）二十八岁时前往巴黎，从大众料理到高级法国菜全都吃遍。习惯了巴黎口味的荷风回到日本后完全不碰西餐，大肆批评“东京的西餐厅全部都不行”（《“味”是调和》），即便是颇受好评的筑地精养轩，荷风也认为“（餐厅的）外观虽然非常豪华，但服务生既不用心，制服竟然也不甚干净，我怎样都无法喜欢。”冷冷地拒绝接受。对口味相当有意见又极挑剔的荷风，却能长达十年都经常前往亚利桑那，原因除了料理的味道合他的意之外，或许还因为他与老板松元清十分投缘吧。身为地方士绅的松元清并未把荷风当作是“伟大的作家”特别对待，反而更得其心。

让荷风之名一举天下知的《濹东绮谭》，是他在五十七岁时的杰作。玉之井的私娼街与规矩多多的吉原妓院相反，由私娼与客人直接交涉。有一幕是在玉之井与一位名唤小雪（雪子）的娼妇见面时，他拿出刚买来的浅草海苔，小雪问：“这是给你太太的伴手礼吗？”他回答：“我是单身哦。”

“那就是跟女人一起住在外面吧，呵呵呵。”

“如果是这样的话，这时间我就不能到处闲晃了，不管下雨打雷，我都得要回家。”

“说得也是。”

小雪答完便用起茶泡饭。

“我讨厌一个人吃着无味的饭。”

“真是的，这么说来你真的是单身，令人同情呢。”

“你能够理解我的心情吧。”

对荷风而言，用餐是不可或缺的背景，与哪个女人一起，用什么样的方式，吃了些什么，这些都会变成重要事项。

荷风的料理观在“调和”上，“只要是有情调的店，一旁还有艺妓陪侍的话，大概就能吃得愉快。（中略）就算不是去八百善[①]或常盘[②]，即使是一般人会去的酒馆，能够占有小小的一席座位就好。”（摘自《“味”是调和》）

---

① 于江户时代确立日本宴会料理形式的高级料亭。

② 指浅草常盘座，是“浅草歌剧”起源的剧场，原址已改建为购物中心“浅草ROX”。

让人感觉怀念的“高丽菜卷”。

重要的并非是料理本身的味道，而是女人香。这么说来，在玉之井沟渠沿岸那个苦命人的房间里所吃到的茶泡饭，应该就是“幸福至极的美味”吧。

当荷风察觉在濹东的私娼寮认识的小雪对他动了真情时，他便开始疏远小雪。这段情也被写成小说。

荷风真是薄情的人，他把薄情的自己写了下来。

经历了与多名女子厮混的放浪生活，发表《濹东绮谭》的来年，《葛饰情话》在浅草歌剧馆上演，引起空前的话题，他与浅草间的深厚缘分就从这个时候开始。

昭和二十年（1945）三月十日，荷风位在麻布的自宅（偏寄馆）因美军空袭毁坏，《濹东绮谭》的舞台玉之井也烧掉了。他搬至市川时，曾到新小岩的私娼寮散步，想要描写娼妇世界的执着依旧持续不散。

荷风对浅草的沉迷，始于昭和二十四年（1949）。一月时《舞娘》经改编在浅草摇滚座上演；三月“美貌”剧团在浅草大都剧场[①]演出《停电夜里的事件》，观众爆满；六月《春情鸠之街》由“美貌”剧团在大都剧场演出，这段时间荷风深陷在浅草。

带着舞娘、女演员前往浅草甜汤店的荷风，沉浸在战后首次出现的愉悦感中，而他开始往来亚利桑那，恰巧也是这个时候。

一开始舞娘们并不知荷风的盛名，一直叫他荷风先生，只以为他是专写脱衣舞剧的作家，好色、出手阔气的老头，这对荷风来说是再好也不过。后来在玉之井私娼寮的后身——鸠之街，荷风的身份被大家知晓，让他想玩也玩不起来。女人老跑来央求他说：“你也把我写成

---

① “浅草摇滚座”今日仍在经营脱衣舞秀，“大都剧场”后转手经营，视为“浅草中映剧场”。

荷风也相当喜爱的名菜“红酒炖牛肉”。

小说里的主角嘛。”一碰上这种场面荷风就只有逃离。

脱衣舞秀中使用红色汤文字[①]，也是荷风想出来的点子，原本在浅草的小剧场里流行的是长襦绊[②]。在为“美貌剧团”的女演员高杉由美所写的剧本《停电夜里的事件》，他也参与演出，坂口安吾还前来观赏。《春情鸠之街》则是加入樱睦子与高杉由美竞演，荷风也戴上贝雷帽穿上军靴特别演出，观众的喝彩震耳欲聋，荷风还忍不住在舞台上将樱睦子抱过来亲吻。但这位樱睦子之后前往位于市川的荷风家拜访，却吃了闭门羹哭着回去。

荷风会这样沉迷于浅草，是因为他喜爱浅草寺的观音，观音女体是荷风文学的核心。荷风会在正午来到亚利桑那，点一瓶啤酒，享用红酒炖牛肉。据现在的老板松元力也（松元清的长男）所言，荷风很喜爱炖鸡肝，此外炸虾、奶油螃蟹可乐饼、炸肉饼、高丽菜卷等也颇受他青睐。

虽然他也会去合羽桥专卖泥鳅料理的饭田屋、卖荞麦面的尾张屋、浅草摇滚座前的里斯本西餐，但随着年纪渐长，最后就只固定会去亚利桑那了。在亚利桑那用完午餐，坐在浅草寺境内的板凳上，听着隅田川上波波船的声音。之后若还有兴致的话，就会前往浅草摇滚座的后台休息室。

将手搭在舞娘肩上，就算碰到胸部也不会被抱怨，荷风享受着身为脱衣舞娘“同业”的乐趣。

从另一方面来说，浅草摇滚座的后台休息室因为荷风的出入而受到瞩目。尽管舞台十分华丽，但位于地下室的休息室窗户却坏了，草席也十分破旧，舞者就在这狭小的地方席地而睡。

---

① 日本传统女性内衣，覆盖下身的长布，红色多为妓女所着。
② 穿在和服之下、全身的白色衬衣。

荷风来到这个被社会所遗弃的人聚集在一起的房间，并与舞者说说笑笑，有人拍下这样的场景，照片一经传开，为浅草摇滚座带来更多的客人。

荷风在七十一岁的正月写下：“晚上与浅草摇滚座的女演员等人在广小路巷内喝一杯，谈笑非常有趣，酒好，归途之月亦美好。”（一月四日）

在七十二岁的正月二日、三日、四日连续前往浅草。七日、九日、十一日、十二日、十四日也在浅草。十五日带着舞娘于合羽桥通的饭田屋举办宴会，二月三月也带着舞娘前往饭田屋，与樱睦子在今半[①]饮酒。

七十三岁的正月，他从元旦起便前往浅草，将女性剑剧[②]的主角都看了一轮。他之所以无法忘怀对人气演艺的关注，或许是把自己当作是剧场老板的关系吧。在当年十一月，他获颁文化勋章，于十一月五日，浅草摇滚座老板带着舞娘们，在浅草公园里的逢阪屋西餐厅为荷风举办得奖庆功宴。

七十四岁的正月四日，荷风在亚利桑那。

自从获颁文化勋章后，浅草摇滚座的舞娘们对荷风的态度大大改变。当他原来是位“伟大的作家”一事被发觉之后，便再也无法若无其事地摸舞娘的屁股或胸部，她们不再像之前一样大剌剌地对待他。因此有段时间他转换阵地去银座，混迹在有乐町的富士ICE，之后又再度回到亚利桑那。但亚利桑那是享用午餐的地方，不是适合带女人去鬼混的地方。

七十九岁（昭和三十四年）的正月，他从三号开始就在亚利桑那

---

① 浅草有名的寿喜烧。
② 剑剧即时代剧电影的别称，因为以日本刀、剑术比画为内容而得名。

淋上多明格拉斯酱的“奶油螃蟹可乐饼”。

吃午餐。三月一日，在亚利桑那吃午餐时便发病，举步维艰，乘车返回位在市川的自宅后便从此卧病不起，四月三十日去世，而日记则写到四月二十九日。

荷风死去的那天是用人来打扫时，唤他都没有响应，打开隔着三坪大房间的拉门后，惊见荷风的上半身露在棉被外头并吐血，呕出的血中，还夹杂着他在附近大黑屋所吃的猪排丼饭粒。

尽管身为人气作家，有着巨额版税收入，带着女人到处吃饭鬼混，但早在这些时光里荷风就已看到自己晚年将孤独死去。临终时没有任何人随侍在旁，呕出廉价的猪排丼饭粒后死去的身影，对荷风来说应该是花了一生创作的作品吧。做自己想做的事，谁都管不着，这就是永井荷风一以贯之的作风。于市川的破房子里一人孤独死去，是荷风宏远计划下所进行的人生完结篇。

在市川自宅的榻榻米上，牛肉大和煮或MJB咖啡罐、宝味醂、韦尔奇柳橙汁散乱一地，每一样都是在当时不易得到的高级食品。

“独自一人”走过一辈子的荷风，超然地结束了他的人生。三岛由纪夫认为他是“死于落魄潦倒的文学绅士”。

个性别扭被称作是“怪人”的荷风，在日记里不时以“正午浅草”来形容亚利桑那，来这里点上一份红酒炖牛肉，就能感觉到昭和的味道如西倾的太阳般射进盘中。

永井荷风（ながい・かふう，1879—1959）

生于东京，二十多岁前往美国，并至巴黎留学，以归国后创作的《亚美利坚物语》《法兰西物语》逐渐在文坛出名，后任职庆应义塾大学教授，主持《三田文学》杂志。以描写花街向岛的玉之井私娼寮的《濹东绮谭》风靡一时，晚年往来浅草的脱衣舞剧场也蔚为话题。昭和二十七年（1952），获颁文化勋章。

斋藤茂吉与『竹叶亭』

傍晚时在书桌前一个人吃着鳗鱼，真是件快乐的事。（《灯火》）

吃完暖乎乎的鳗鱼，走在回家的道玄坂上，月光撒落脸上。（《晓红》）

一路以来被我吃掉的那些鳗鱼，是否已经成佛而闪闪发光了呢？（《小园》）

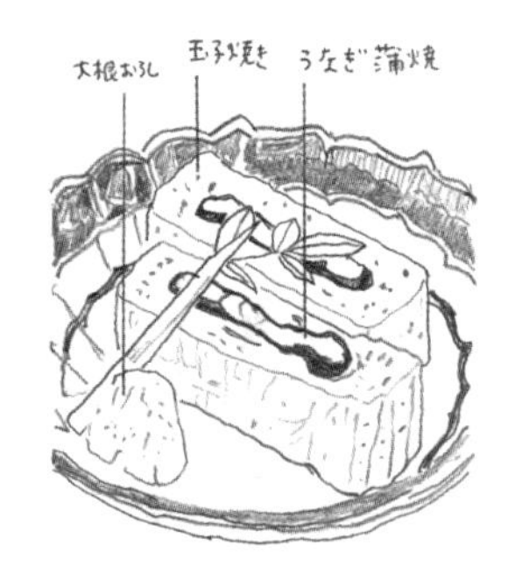

竹叶亭
东京都中央区银座8-14-7
03-3542-0789

芥川龙之介曾说过，要评论斋藤茂吉不是一件简单的事（《偏见》）。芥川在高中时阅读了茂吉的《赤光》，从此不时地吟咏，他最喜欢的那首诗写着："一条道路无时无刻被日光照得明亮不已，这条道路正是我的生命，是我所应该前进的道路""有一条闪耀着光芒的道路，但位于远方，那里吹着激烈的强风。"（《璞》）"这是他毫不闪避地直视着真实的自我，痛苦的灵魂之产物。"如此大力赞扬茂吉诗歌的三年后，芥川自杀了。茂吉曾经同情地说："如果芥川来我的医院就医，或许就不会发生这种事了。"

《赤光》是茂吉在三十一岁时发行的第一本诗歌集，收录了从明治三十八年（1905）到大正二年（1913）为止，九年间所创作的八百三十四首作品。该年五月，生母育女士去世（享年五十八岁），七月其恩师伊藤左千夫仅四十八岁便骤然离世。初版的后记中写道，《赤光》的书名取自于佛说阿弥陀经的其中一段"青色青光黄色黄光赤色赤光白色白光"。在他小时候，玩伴中有一个小和尚，随时都在默诵经文："赤色赤光"，不论是捡拾梅果还是玩水时，小和尚都一直随口念着："赤色赤光……"茂吉说他来到东京，到了开成中学二年级左右时才知道当时他口中念念有词的原来指的就是"赤光"，而"赤光"这个词的念法，一直回响在年幼时茂吉的耳中。

"赤红的砖瓦墙艳红，控诉着那男人刺杀了女人""一群身穿红褐色囚衣的人走进去了，西沉的夕阳染红了天""从那男子身上采来暗藏着梅毒的血液"。（皆出自于《麦奴》）

这首诗的后记写着："这是在奉命前往某监狱去做某杀人未遂者之精神状态鉴定时，于心中涌出、吟咏而成的一首诗。"茂吉的本业是精神科医师。

他在第五十九首追悼母亲的诗当中，写着“两只红喉乳燕在屋梁上，而养育它们的母亲已经离世”“星星闪耀的夜空下，母亲的遗体赤红地燃烧着”。(《去世的母亲》）等句子，每一句都绽放着红色光芒，茂吉因此被后人称为“鲜红的茂吉”。

他是一位容易情绪激动的人，一见到诗人就会与之争论，据说“他一生与人争论次数大约有两百次”（宇野浩二）。茂吉发表《赤光》时，正担任东京府巢鸭医院（东京帝国大学附属医院）的精神科医师。《赤光》中有多首歌咏患者的诗歌，其中也有些内容有失精神科医师的分寸。写患者的诗歌游走在禁忌的边缘，就像是刀子抵住喉头般令人捏把冷汗，当医生变身成诗人时是相当危险的。

“弯着身子一边将脑部切片染色的同时，想起了五叶木通的花朵”。(《时时之歌》），这画面鲜明的句子让医师和诗人两种身份产生了连接。

作为诗人性格易怒，又以“闹事者”闻名的茂吉，在医院里摇身一变成为一位稳重的医师，有段轶闻指出，他在看一名认为自己阴茎过小而导致神经衰弱的病人时，掏出自己的阴茎让对方看，并说“大家都是这样的啊”来安抚病人，真是够憨直的。据说茂吉即使是面对面目狰狞的患者，依然能以平和的表情温柔地倾听，因而使患者在短时间恢复平静。

同时拥有澎湃情感（诗人）及无限慈爱（医师）两个面向的茂吉，在维持着这恐怖平衡的同时，生涯七十年间创作了一万八千首诗歌，一字一句都不马虎，超越了时空，将读者带向无尽地平线的彼方。

试着举出《赤光》中关于食物的诗句。“见窗外雾雪纷飞，突然涌出一种吃着牢饭之囚人的心情”（《降雪的日子》）、“现世之身未死，当下活着的我为了吃晚餐而踏上归途”（《肉身》）、“凡是生物，不只

蘸芥末酱油吃的“白烧鳗鱼”。

是我，当下都是朝着死亡走去，即使如此还是得要吃饭活下去”（《这一天》）、“野兽会为表达对食物的不舍而啼哭，这是何等的温柔”（《冬来》）、“在上野动物园里，喜鹊是连肉食动物都不吃的那块肉”（《葬火》）。

人类也好，动物也好，不摄食就无法生存。茂吉毫不避讳地直视着充满贪欲的自己。茂吉的诗歌之所以能够打动人心，是由于他对人类存在之根源的诘问，特别是碰到他最喜爱的食物——鳗鱼时更清楚可见。

在《阿罗罗木》[①]的评选会上，晚餐叫外卖吃蒲烧鳗鱼，弟子的夫人很用心地将最大条的鳗鱼送到茂吉的面前，茂吉眼神锐利地鉴定每一份鳗鱼的大小，还说：“你那只比较大，拿来跟我换”，于是众人面前的鳗鱼便不断移来换去，结果最后还是拿到最初的那份。

茂吉在医院里吃着与住院病人相同的食物，就算吃得不好也不在意，但一遇上吃鳗鱼的时候，眼神就整个不同。茂吉的长子斋藤茂太（精神科医师），分析他的个性是：“典型的执着、坚忍性格，然而这样的性格中也隐含着胆怯、过度在意面对社会时的体面形象（这点与他的养子出身也并非全无关系），不喜爱冒险等要素。”

茂吉三十九岁时前往欧洲留学，到四十二岁为止都在慕尼黑、维也纳求学。他在柏林吃了烤鸭之后，写下了“我觉得非常好吃”的感想。之后他到维也纳大学神经学研究所求学，在郊区的廉价食堂里，混杂在劳工中，仅吃着硬邦邦的肉与清汤也是一餐。他虽然是个食欲旺盛的人，但要他随便吃日子也还是能过的。

他在拿波里时写下了：“滴在去壳淡菜上的柠檬汁，宛若古诗。”（《远游》）在慕尼黑时写下：“煮着意大利的米一个人吃，初识黄昏

① 由正冈子规的弟子在他去世后创刊的《阿罗罗木》短歌杂志。

的滋味，”在热那亚则写下：“来到了港边闹区，享用赤黄的香菇与章鱼。”（皆出自于《遍历》）

茂吉的诗歌，由于师承于对于所见景物皆详尽描写的子规、左千夫，因此他的诗歌集也能够当作游记来读，例如我们可以读到他在大正十三年（1924）十月五日（四十二岁），于意大利热那亚的港口城市，吃了香菇与章鱼。

结束了为期三年多的留学，一回国，家人们所居住的青山脑科医院便遇上大火而全毁，他写了诗记录：“于祝融之灾后仅存的房子里，家人彼此依偎，吃着纳豆饼。”（《灯火》）

茂吉为了筹措重建青山脑科医院的工程费用（第一期日币105000元）四处奔走，好不容易重建医院，他也担任院长，时年四十四岁（1927），该年的诗中便提道“傍晚时在书桌前一个人吃着鳗鱼，无限喜乐。”（《灯火》）

这一年次子宗吉（北杜夫）出生，加速了茂吉的鳗鱼信仰，他甚至已到了只要吃了鳗鱼，“数分钟内群树的青绿看起来更加鲜艳”“蒲烧里藏有神秘的力量”的程度。身为院长，在繁忙的沉重公务中，得靠食用鳗鱼获得精神上及肉体上的安定。

在战争开始的前一年，茂吉在银座的百货公司买进了大量的鳗鱼罐头，藏在壁橱中。鳗鱼是他的能量来源，夏天时一天会打开两罐来食用。

“一路以来被我吃掉的鳗鱼，是否已经成佛而闪闪发光了呢”（《小园》）、“住在最上川，可以吃到鳗鱼，我便能悄悄地活着”（《短歌拾遗》）、“十多年过去了，舍不得打开的鳗鱼罐头至今还全留在这儿”“战争中的鳗鱼罐头虽然还留着，却已生锈，看着看着不觉感到哀伤”。（皆出自于《月影》）

昭和十八年（1943），当长男茂太与宇田美智子的婚事终于要确定之时，两家的会面是在高级料亭竹叶亭，美智子因为太过于紧张而吃不下，见她有没吃完的鳗鱼，茂吉竟开口说："那就给我。"便接手吃掉。

当时他们会面的竹叶亭本店一带是躲过战火摧残的银座八丁目，是跻身于高楼大厦群中唯一的平房，宛如山中小屋，占地一百八十坪，庭院中有石灯笼与竹林成荫，山漆树、长尾栲等巨木相连，周围是竹林构成的围墙。

竹叶亭是江户末期提供"保管刀剑"服务的休憩茶馆，并供应酒食、鳗鱼料理。中国酒的异称为"竹叶"，取其意而命名为竹叶亭。四坪与两坪多的茶室与旧馆的两间房，都维持着大正十三年（1924）建造完成时的面貌，还有一个铺着湿润黑土的庭院。

第二代老板金七开始供应便当给歌舞伎剧场、帝国剧场等地，打开了"专做鳗鱼的竹叶亭"之盛名，第三代老板哲二郎，则让弟弟得三（第五代老板）前往与他有深厚交情的北大路鲁山人开的星冈茶寮学习，并钻研日本料理，这些也传承到八丁目本店的料理中。

八丁目竹叶亭的大通铺后来也成了文学沙龙，曾经举办高滨虚子、久保田万太郎的俳句会，在这里诞生了名俳句。现在的老板，别府允则是第七代。

鳗鱼井的鳗鱼非常香，充满野味的鱼身烤得焦脆，炭烤过的鱼皮富含胶原蛋白，以及油亮亮的脂肪。店里有个用来装陈年酱汁的漆器，总是需要不断加入新酱汁。竹叶亭守护着传统代代相传，美味的蒲烧鳗鱼每天都在进化。

晚年的茂吉前往银座时，即使上半身穿着西装，脚上穿的不是鞋子，而是分趾鞋袜。有一次，宫柊二在银座松坂屋举行的梅原龙三郎、安井曾太郎展上看到穿着分趾鞋袜的茂吉，宫柊二回想当时的情景道："我看到站在我斜前方的老人，几乎是无视他人的存在，热切地欣赏著作，他脸上有从脸颊延伸至下巴的浓厚白胡须，身着西装搭分趾鞋袜，个子看起来有点矮小……那名老人看着画近得就快要把自己

饭上有特大蒲烧鳗的“鳗鱼丼”。

竹叶亭名菜之一“鲷鱼茶泡饭”。

的脸贴到画作上。……这情景奇妙地混着一股深沉的悲哀。”

前往《阿罗罗木》的东京短歌会时，茂吉会穿着两件开襟衬衫，下半身是宽松的工作裤搭草鞋或木屐，但在医院时则会穿西装打领带为病人诊疗。

受到欧洲的影响，淬炼出茂吉的衣着品位，不论康康帽或风衣都相当适合他，就算穿的是农民的工作裤，在他身上也能显得有型而优雅。晚年不论去哪里，都会拿着一个名唤极乐的小便用桶子。西装打扮，系上领带，右手拿着桶子，左手撑着伞，在银座阔步而行，悠然自得。

潜藏在茂吉诗歌深处的孤独中，有着在一条道路上直行的坚定意志，而意志与孤独是同义的。茂吉的诗歌反射在我们的身上之所以会令人感到炙热，即是由于这鲜红的意志，而制造出这种意志的营养源，就是鳗鱼。

斋藤茂吉（さいとう・もきち，1882—1953）

生于山形县，毕业于东京帝国大学医科大学，师事于伊藤左千夫，并参与《阿罗罗木》的创刊。大正二年（1913）因发表《赤光》而受到瞩目，至此之后成为诗歌界的重镇。昭和二年（1927），继承父亲的青山脑科医院。在日本最伟大的诗人之一柿本人麻吕的研究上也十分著名。昭和二十六年（1951），获颁文化勋章。膝下有斋藤茂太、北杜夫两个儿子。

高村光太郎与『米久』

八月的夜晚，就像是眼前米久的牛肉锅般，热气蒸腾。
将紧紧并排的锅台前，当作是自己在这世上最舒服的窝，
不容忽视的旺盛食欲与愉快的谈笑，现在正极尽欢乐的一群人。

（《米久的晚餐》）

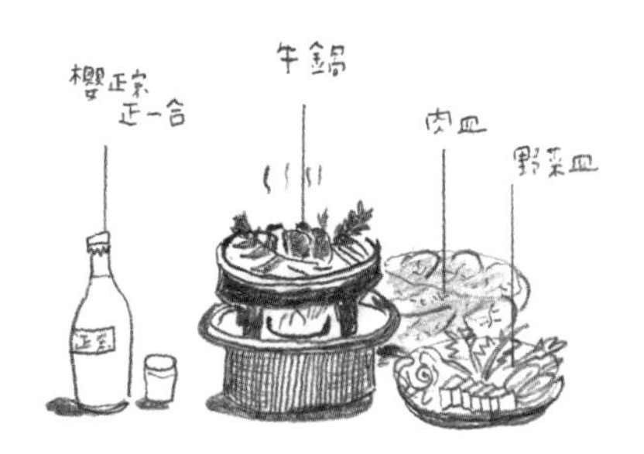

米久
东京都台东区浅草2-17-10
03-3841-6416

在光太郎所著的《智惠子抄》中，有一首名为《晚餐》的诗。

在暴风大雨中／淋成了一只湿答答的老鼠／买回米一升／二十四钱五厘／五片咸鱼干／一根腌萝卜／红姜／蛋是来自养鸡场／海苔像是铁片打造的／炸鱼板／腌鲣鱼／汤滚了／像是堕入饿鬼道的我们吃着晚餐……（中略）……我们的晚餐／带来比暴风雨更暴烈的能量／我们吃饱后的倦怠／唤醒不可思议的肉欲／在豪雨之中燃烧／我们的身体令人赞叹／这就是我们的难吃的晚餐

这是光太郎在大正三年（1914）的作品。这一年，三十一岁的光太郎与智惠子开始同居生活。两人堪称凶暴的爱欲生活中，无谓外头狂风暴雨，两人狂吃之后再一味地投入性爱之中。光太郎曾说："强烈的欲望是驱使我投身造型美术的动力。"他的食欲与性欲都如同暴风般激烈。与智惠子结婚后，他意图将两人与世间隔离。

光太郎是木雕师高村光云的长子，曾进入东京美术学校雕刻系就读。毕业后，于明治三十九年（1906）前往纽约（二十三岁）、明治四十年（1907）远赴伦敦（二十四岁）、明治四十一年（1908）再转往巴黎（二十五岁）游学，归国后参加了北原白秋、木下杢太郎等人所组的潘恩之会[①]并四处游历，过着叛逆、自嘲、颓废的日子。

在二十九岁的诗作《夏夜的食欲》中，他呼喊着："我的肉体袭

① 潘恩为希腊神话里的牧神。潘恩之会是当时文学家与艺术家的聚会。

击灵魂／不可思议的食欲兴奋／即便满足再满足／又再渴望、喘息、呼喊、狂奔。”与智惠子相遇，便是在创作这首诗当年的年末。佐藤春夫在《小说智惠子抄》一书中写道：“光太郎本来就是个不以恶衣恶食为耻的人。”光太郎自己也曾如此述怀：“我在贫穷中成长，到国外留学也只以微薄的学费过生活。与智惠子结婚后也过着贫困生活，因父亲的盛名所累，受到世人的误解，因而感到双重的苦痛。”

话虽如此，但在明治时代能够到海外游学，背后也是因为有父亲为靠山才得以实现。光太郎二十七岁时与吉原河内楼一名唤为蒙娜丽莎的娼妓谈起恋爱。与蒙娜丽莎分手后，他离开了位于滨町河岸的租屋处，回到父亲家。

二十九岁时，他在本乡驹込林町二十五番地新盖了一间工作室，于此地开始与智惠子的生活。继《晚餐》之后，他写了一首诗，题为《淫心》。

女人是淫荡的／我也是淫荡的／我们不会满足／在爱欲里发光……（中略）……欲望越来越深，不知将前往何处／在爱中我们拥有万物／我们越来越淫荡／如地热般／猛烈——

能够将性生活描写得如此详细，真不愧是大胃王兼精力旺盛的光太郎。光太郎的艺术世界是以诗与雕刻这两项建构而成的。

光太郎无边无际的放荡成性，在与智惠子结婚之后，看似完全改变，但其实只是放荡改变了形体，朝着自我本位的情念不断前进，而终导向虚构世界的结果而已。他一味地对智惠子燃烧热爱，即便在贫困中食欲与性欲也不见衰退。最后，智惠子的精神渐渐出了问题，她先天肋膜就有缺陷，不时要回到故乡福岛县油井村静养，但病况仍越来越恶化。

光太郎曾在《智惠子的半生》一文中写下这么一段话：“她最终

楼上楼下共有三百席，满座时整屋的喧嚣就像是“牛肉锅的战场”。

之所以会精神崩溃，更大的原因或许正是她致力追求艺术上精进，以及基于对我的纯真之爱而努力维持日常生活两者之间所产生的矛盾之烦恼所致吧。”

光太郎在近代文学者当中是数一数二的高大（我推测他有一百七十七厘米高），食量非常惊人。他的父亲光云也是个大胃王，据说：“曾经吃到装荞麦面的竹笼都堆到与他坐着同高。”（《孩提时的用餐记忆》）光太郎三十八岁，大正十年（1921）时，他写下一首题为《米久的晚餐》的诗作。

八月的夜晚，就像是眼前米久的牛肉锅般，热气蒸腾。／打开隔间的两个大房间里／人人紧贴坐在一起像是一片生物之海／在臭屁与体臭交杂的旋涡中／不论是前后左右／满是脸与帽子与头巾与裸体与怒吼与喧嚣／啤酒瓶与酒壶与筷子与杯子与猪口杯／粘了锅的牛肉锅与粒粒分明的南京米[1]／以及满身是汗，一边控制着这热闹气氛／一边又像是脚上装了弹簧四处飞奔／那群手中偷藏着第六感的眼与耳／梳着发髻凶猛如亚马孙战士的女侍……

“八月的夜晚，就像是眼前米久的牛肉锅般，热气蒸腾。”这句话不断重复出现，其他还有“喂，酒还没来吗？酒、酒”“你看往那边走过来的，主张什么主义的女人，可听话的呢”“一份玉子烧加啤酒，一元三十五钱”等句子，生动描绘着店内高朋满座的景象。

全诗将为整锅堆栈如山的牛肉而称颂，牛肉锅好吃得令人咂舌的情形写得十分传神，并将那煮得热滚滚的牛肉锅称为“灵魂的澡堂”。

① 从东南亚、中国进口至日本的米称之，米型细长、缺乏黏性。

读了光太郎描写那穷极心力的飨宴，令人忍不住吞口水，想要马上前往店里点上一锅，实在是太会挑逗读者的舌头、煽动人心。

米久位在浅草豪景酒店（View Hotel）对面的拱廊街——瓢通的入口处，是一栋二楼窗户是红色窗棂的数寄屋式[1]建筑，广告牌上写着“百年的老店．寿喜烧米久”。推开豆沙红色的日式门帘一进去，马上就有咚咚的太鼓声迎接。玄关柱子上挂着古老的钟，榉木雕的布袋和尚像坐镇其中。墙上挂着从前的“米久”广告牌，脱了鞋会有专人交付一块领鞋子用的木制号码牌。

米久开设在明治初期，来自近江国[2]米商的久次，带着三头近江牛来到东京，在浅草的闹区及吉原妓院之间的现址开了牛肉锅店而发迹。由于久次原是米商，因此店名便取为米久，以便宜的价格提供近江牛，成为大众牛肉锅店而生意兴隆。一二楼的榻榻米席合计共达三百个座位，屋子深处有个庭院，庭院中有池塘，瀑布从岩山上倾泻而下，牛肉锅的锅台排开的阵仗就像是将庭院包围似地，牛肉锅热气蒸腾，客人极尽欢乐，光太郎将这样的情况称为“灵魂的澡堂”。

现任的老板丸山海南夫是第四代。明治时代还没有冷冻技术，因此需具备以一种被称为米久型的切肉刀来处理生牛肉的技术。一般肉铺无法取得牛肉，要吃牛肉仅能去牛肉锅店食用。光太郎与吉原的娼妓蒙娜丽莎应该也曾来过这间店，在大啖牛肉锅补充精力后，会做的也只有那件事而已。

现在虽然使用底部刻有“浅草米久”之铭的厚铁锅，但在明治、大正时代，因为使用炭火，所以当时的锅子较薄。

牛肉则买进整整半只（称为半丸）的带骨和牛，提供的料理只

---

① 日本建筑样式的一种，是融入茶室风格的住宅样式。
② 今滋贺县一带。

有牛肉锅，日本酒为樱正宗一瓶，附上白饭、酱菜、味噌汤，就这么简单。

配料类有葱、茼蒿、煎过的豆腐、蒟蒻丝，装在大盘子里的霜降牛肉呈美丽的玫瑰色闪耀着。在铁锅里倒入调味酱油后将食材下锅煮，这是东京式的吃法。

江户人性子急，因此会急着煮，煮好马上就吃掉。我向老板询问："这道料理受欢迎的诀窍为何？"他答说："客人点完餐就马上端上桌。"绝对不能被催促说："我加点的肉还没有好吗？"

只是，再怎么说也是三百个锅子同时开煮，因此不论是客人用餐的榻榻米通铺还是厨房都忙得不可开交，客人点了餐若上菜的速度稍微慢一点，可是会生气不吃就走掉的。在堪称是牛肉锅战场的米久喧嚣之中，光太郎看着一出出人生剧场的演出。

智惠子去世后，光太郎开始在花卷郊外的太田村过着自耕自炊的生活。他开垦马铃薯田，种植豌豆、四季豆、小米，采集生长在山谷溪水边的山菜毛骨草，或是清烫后淋上酱油，或以盐简单腌过，或加进汤里煮来吃。

光太郎对于蔬菜的描写，就像是创作雕刻般，具有强烈的色彩。对于在田里收获的豌豆，他这么描写："我一边吹着口哨，一边撕除豌豆的筋丝。""刚摘采回来装在竹篓里的蔬菜仍生机盎然，仿佛会像拖曳网自水中拉起的杂鱼活泼地跳跃着。""只要撕下筋丝后、清洗即可，非常简单。为了有充分的咸味，以稍多的盐加入滚水中，将豌豆烫过马上捞起，上桌时再以橄榄油、麦芽醋与胡椒调味后食用，就是初夏最棒的天赐美味。橄榄油能带出甜味，醋则锁住美味。豌豆切忌以酱油炖煮，除非你有这蓝宝石颜色灯光。"

他的调理方式是在巴黎学到的正统派。过了六十岁独自一人生活的光太郎，依旧充满了将食物一扫而空的力量，面对自己异于常人的强烈欲望感到焦躁的同时，也驾驭着野兽般猛烈的食欲。

菜单上仅有的一道菜"牛肉锅"。

附蔬菜、蛋，一人份三千一百六十元。

在当时，宫泽贤治于诗作《无惧风雨》中所提倡的“一日食用玄米四合／配味噌与少量蔬菜”，光太郎则认为“如果每天持续这种最低限度的饮食生活，还要从事激烈的工作，任谁都会染上肋膜炎，最后演变成肺结核而病倒吧”。他批判了日本自古以来“推崇粗食”的观念，并攻击主张“只要有玄米、芝麻盐、梅干及腌萝卜即已足够”的通俗医学。他提倡喝牛奶、吃肉，认为只要改善饮食生活，经过三个世代，日本人的身体就能达到世界水平。光太郎的预告，也确实发生了。

米久的牛肉锅是最适合光太郎的料理了。埋头不断地吃，用这股精力驱使肉体劳动，然后再继续吃。

第四代老板肌肉发达，一问之下得知原来他之前是举重选手。他说曾遇过有客人把铁锅放在怀里想夹带走，在出玄关时，铁锅从怀中哐啷落下而事迹败露。要是让光太郎听到这些趣闻，想必他应该会在其诗作《米久的晚餐》中，再补上这一段吧?

高村光太郎（たかむら・こうたろう，1883—1956）

生于东京。父亲为雕刻家高村光云。东京美术学校雕刻系毕业。于纽约、伦敦、巴黎留学，受到罗丹（Auguste Rodin）、魏尔伦（Paul Verlaine）的作品所影响。除十和田湖畔《少女之像》等雕刻作品外，述咏亡妻的《智惠子抄》和《路程》等诗集也相当著名，昭和二十五年（1950）获颁读卖文学奖。

谷崎润一郎与『滨作』

“已经五点了呢，老婆，要不要去银座吃完晚餐再回去啊？”

“银座的哪里？”

“滨作啊，我最近想吃狼牙鳝想得不得了啊！”

（《疯癫老人日记》）

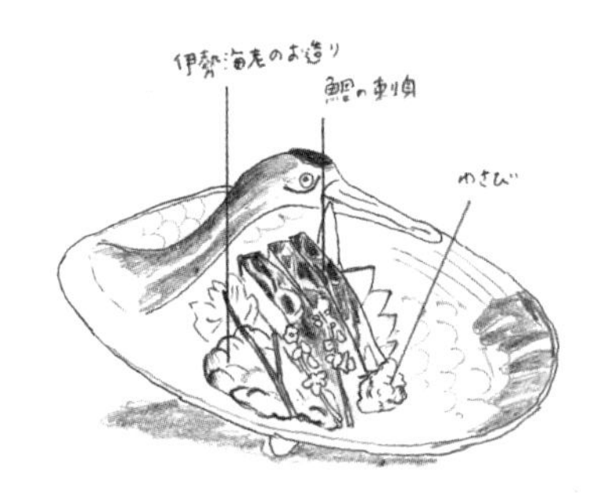

滨作
东京都中央区银座7-7-4
03-3571-2031

在谷崎润一郎的小说《疯癫老人日记》里出现这一幕“去滨作啊，我最近想吃狼牙鳝想得不得了啊。”他与老伴及飒子、净吉夫妻一同出门，前菜为泷川豆腐、白味噌凉拌鲸鱼皮，生鱼片则是两人份的薄切鲷鱼与两人份的梅肉狼牙鳝。另外还点了酱烧狼牙鳝（只有卯木督助，即谷崎本人点）、盐烧香鱼、松茸土瓶蒸、酱烧茄子，之后他又想着“如果可以再吃点什么就好了”。

谷崎在昭和三十三年（1958）七十二岁时右手麻痹，之后便不得不仰赖口述笔记。七十四岁时由于患了狭心症至东大附属医院上田内科住院，专心治疗将近两个月的时间。来年（七十五岁）起在《中央公论》开始《疯癫老人日记》的连载，结束连载时谷崎正要迈向七十六岁。即便与小说并不尽相同，但大病初愈、七十六高龄有这样的食欲，即呈现了他好吃的一面。谷崎吃东西非常快，刚端上桌的料理马上就吃完，只是因为患了狭心症，渐渐不太能够喝酒。

“滨作”的老板娘盐见栗子，对于谷崎带着松子夫人（日记里的老婆）或年轻夫妇（日记里的飒子与净吉）前来，坐在吧台前用餐的模样，还记忆犹新，仿佛是最近才发生的事情。谷崎因右手麻痹无力戴着毛线编织的护手，由松子夫人为他夹取食物。

《疯癫老人日记》是以疯癫老人卯木督助日记的形式构成，描写任性老人的放荡生活。疯癫老人来到“滨作”，他带着一同前去的飒子有狼牙鳝生鱼片没吃完，老人不仅帮她吃掉，也没有忽略她将那用来蘸生鱼片的梅肉小碟子弄得十分脏乱，在心中喃喃道：“她应该是故意的吧。”也把对方盘里的香鱼肠子分来吃，“飒子真的把香鱼弄得乱七八糟，比那梅肉还要脏乱，为了帮她掩饰，我把这些都拿来吃。”他注意到别人没注意的地方，然后于此处编织出情色的幻想。

将谷崎文学定义为“美食文学”的人是三岛由纪夫。“谷崎老师的小说，最大的特点就是对美味的描写，如同中华料理、法国料理般，充满巧思的调理手法，再淋上不惜花费大把时间与繁复工法制作的酱汁，烹调着平日不会端上桌的珍奇食材，不仅营养丰富，引人进入陶醉与恍惚的极至涅槃，同时提供了生之喜悦与忧郁，活力与颓废，但在最根底之处，又不会威胁到身为大生活家的常识基础。”

谷崎在三十二岁时所创作，总计二十八章的小说《美食俱乐部》中，明白地显露出他对于料理的疯狂嗜好。故事是五位追求美食的绅士，身上因过多的脂肪而肥胖，过着饱食的每一天。

这五人搭乘夜行火车去吃京都上七轩町的鳖料理屋，然后再到下关吃河豚，尝过乌森艺妓村摊位上的烧卖仍无法满足。五位美食家为了追寻更美味的食物四处游走，其中一位G伯爵被胡弓的声音吸引，闯进一处秘密俱乐部“浙江会馆”里，那里一道道呈现出来的魔幻料理，将食欲与肉欲融为甘蜜，勾引着他们前来。这本小说中，最后出现一道神秘料理，成为一个将读者引进这神秘迷宫的机关。

这是以“恶魔主义作家”席卷文坛，站在创作高峰上的谷崎，对抗着灰暗的自然主义，表现出绚烂官能之美的享乐派。

谷崎出生于东京日本桥蛎壳町（即现在的人形町），在那里依旧燃烧着明治时代余焰的老牌西餐厅、中华料理店、鸡肉火锅店、寿司店、天妇罗店比邻，在东京是拥有著名且美味餐厅的地区。谷崎是本地商人的儿子，孩提时代便吃得相当奢华。这曾是江户文化中心地的日本桥，拥有藏造建筑[①]的街道风情。

---

① 一种传统日式建筑形式，也是以仓库为主要用途的建筑，因此注重防火防盗，外观大多是黑色的町家建筑。

“河豚白子淡味噌汤”。

在他少年时代，有位名叫“鱼文”的鱼贩从代官屋敷[1]前来兜售。鱼贩拉开厨房出入口的油纸拉门，高声念着以平假名写在附木上的鱼类名称，母亲买了下酒用的鱼肉给父亲（生鱼片）。

小孩们吃的则是在蔬果店买的蔬菜，有莲藕、芋头、地瓜、慈菇、牛蒡、红萝卜、蚕豆、毛豆、四季豆、竹笋、萝卜等，将这些材料以柴鱼片、酱油、砂糖等一同炖煮入味。偶尔会有炒牛蒡、酱烧茄子、芝麻味噌蒟蒻、综合蔬菜汤。但或许是做这些料理太费工了吧，最后终究还是没有做给我们吃。(《幼少时代》）

谷崎当时喜欢的是山药泥，即使被提醒：“吃太多的话肚子会很胀哦”，但他还是吃了好几碗。鱼类则会将比目鱼、鲽鱼、大泷六线鱼、竹荚鱼、鳕鱼、鲱鱼、鲨鱼、柴鱼拿来熬煮，拿来烤的鱼类大概就是鲽鱼的一夜干、小银绿鳍鱼、沙丁鱼、飞鱼。在每月十号的祖父忌日，会在仓库的小房间里，摆张漆器的桌子，放上祖父的照片供奉西餐。一开始有几盘料理，不过不知不觉中便换成从弥生轩或保米楼的外送蛋包饭佐香芹。

他也会去老家附近的“玉秀”买鸡肉。玉秀就是亲子丼创始店“玉ひで”，现在生意依旧相当兴隆。

即使怀念起孩提时代常吃的食物，但他仍觉得“东京的食物没有一样是好吃的”。

将（鲨鱼的）鱼片加上东京风的黑酱油去煮，放入盘中，那一道道的筋就好比将原木横切的年轮般。这还不算什么，看过木制的隔热垫吧，这道菜的颜色和样子几乎就跟那一模一样。(《回想东京》）

---

① 代官屋敷，江户时代幕府直辖地地方官所居住的宅邸区。

秋刀鱼、小鲹鱼、沙丁鱼以及四子（日本鳀鱼）等此类低等的鱼鲜，原本是乡下人才会吃的料理，当他听见江户人吃着这种寒酸的食物还说："这味道真是特别"，谷崎闻言："我感受到一股微寒窜过全身，想到在这之下隐藏着东京人的肤浅，我悲伤得再也说不出一句话来。"

大正十二年（1923），三十七岁的谷崎在箱根遇上关东大地震后移居关西。一开始住在京都，一年后在兵库县武库郡本山村建立住居，舍弃在东京的生活。对谷崎来说，在关西最大的发现，便是女人与料理。

四十九岁时，他与富商根津家族的千金根津松子，展开他第三次的婚姻。在战争中执笔的《细雪》，即是松子夫人（幸子）与三个姐妹们（鹤子、雪子、妙子）交织出的爱情故事，在战后成为畅销作品。

"上方这个地方真的是美食家的天堂。我记得自己是自从来到关西之后，才第一次知道日本酒之美味。"

"本来东京自古以来便是个食物难吃的地方。传统的日本料理是在上方地区兴起，江户料理其实就是乡下的料理。"

他之所以贬低江户料理，一方面除了出于对出生地日本桥热爱至极的反动，另一方面也是视父亲为"残败的江户人"。"残败的江户人"同时也是指谷崎自己，还有对于从关东大地震直接走向战争一途的帝都东京之厌恶。只要读过《美食俱乐部》，就能理解谷崎的料理观，是一座海市蜃楼，而品尝料理的舌尖，就是自己的肉身。居住在关西，与松子夫人一同享用的一盘鲷鱼生鱼片，便是无上的感官享受。他喜爱初夏的香鱼、狼牙鳝、马头鱼、秋天的加茂茄子、松茸，蔬菜只要是京都所产的都很喜欢。

滨作是昭和三年（1928）于银座开业的关西料理老店，虽供应全套料理，但在二楼和室或一楼吧台可以只单点。除了谷崎以外，幸田露伴、坪内逍遥、菊池宽、志贺直哉、大佛次郎、舟桥圣一等文豪，也都很爱光顾这间店。滨作的卤鲷鱼是吉行淳之介最喜欢的一道菜。

坪内逍遥曾以诗歌颂着：

> 滨作的门口停满待机的车子，今天亦是高朋满座。

有司机的私家车与滨作，这样的组合应该等于是双重的奢侈吧。这家店的名菜是萝卜泥煮鲽鱼，在裹粉油炸的鲽鱼上，铺上满满的萝卜泥，看上去像是栖息在海底的鲽鱼从白沙下轻巧现出踪影，极具动感。包着橘色鱼卵的鲋寿司是以三年熟成的甘露来腌渍生鱼片；冬季必点的白子白味噌汤，美味汤底煮成的白味噌汤中，漂浮着河豚的白子[①]，形成“群云拱月”的美景。每一道菜都是第一代老板盐见安三精心设计，现在的第三代老板盐见彰英忠实地传承下来。据说当时坐在吧台左端的谷崎与第一代老板相当投缘，经常热心地询问：“这条是什么鱼啊？”这是享尽这世界上所有快乐的谷崎。他作为欲望酿造魔，以越老越犀利的视线检视着厨师的技艺。身穿高级的衣物，微笑地坐在桌前，对料理展开天马行空的幻想。

《疯癫老人日记》的主角卯木督助，最后以飒子的脚型做了佛足石，希望将来自己百年之后能埋到那底下。飒子在滨作将梅肉狼牙鳝粗暴地弄得脏乱的举动中，已经预测到性所带来的快乐。味觉并不仅仅只是舌尖的感触而已，还包含着官能及情色的旋律。

关于文章，谷崎是这么写的。

> 所谓文章的味道，与艺术的味道、食物的味道等相同，鉴赏这些

---

① 即卵巢。

创业以来的名菜“萝卜泥煮鲽鱼”。

谷崎每次来都一定会先确认是否还吃得到的“卤鲷鱼”。

味道时，学问、理论都帮不上什么忙。（中略）品味鲷鱼的美味时，如果说一定要将鲷鱼做科学分析的话，一定会被众人嘲笑吧。事实上，只要遇上与味觉相关的事，就没有贤愚、老幼、学者、白丁的高低之分，文章也是如此，品味文章大部分还是依凭着自己的感觉。（《文章读本》）

谷崎在小说《美食俱乐部》中所提及的料理，谷崎本身加以轻微的否定，例如，他形容在“浙江会馆”里聚集的客人“一脸满是颓废与懒惰”，形容吃太饱的客人“像废人般毫无意义地睁开眼睛，茫然地吐出烟”。这样的颓废，成了更加映衬料理官能享受的构图。

但晚年的谷崎，遇见了松子夫人这位美丽的女王。在松子夫人的调教之下，他了解了超越幻想领域的关西料理，展现出较现实的自己大上十倍、二十倍的自己。在一片生鱼片中，隐藏着虚实仅在一线之隔的放荡性爱。

谷崎润一郎（たにざき・じゅんいちろう，1886—1965）

生于东京。东京帝国大学肄业。在学期间创立第二次的《新思潮》杂志，以《刺青》为首的作品受到永井荷风的激赏，在文坛建立稳固的地位。除了《痴人之爱》《卍》《食蓼虫》《春琴抄》《阴翳礼赞》《细雪》等众多代表作外，《源氏物语》的现代语全译也相当著名。昭和二十四年（1949）获颁文化勋章。

冈本加乃子与『驹形泥鳅』

“今晚，真的好冷啊！”

店里的人们都装作没有听见。老人悄悄窥探当下的气氛，用一种战战兢兢、带点狡猾的微小声音，低着头询问：“请问，我点的泥鳅汤配白饭还没好吗？”

（《家灵》）

驹形泥鳅
东京都台东区驹形1-7-12
03-3842-4001

“驹形泥鳅”创业于享和元年（1801），是一间创业两百多年的老店。第一代老板来自武藏国（琦玉），（在东京）开了这间泥鳅汤与泥鳅火锅的专卖店。之所以将泥鳅的日文写成“どぜう”，是由于第一代认为四个字不吉利，比起“どじょう”，“どぜう”更文雅些。

店面是江户商家的出桁建筑[①]，庭院里种植的山茶花与柳树越过围墙，是很传统的建筑手法。直棂窗[②]的四方形行灯上写着“泥鳅汤”，柳树下是刻有久保田万太郎的俳句与安鹤先生（安藤鹤夫）解说的石碑，上头刻着“神輿まつまのどぜう汁すすりけり”（等待神轿时，喝一碗泥鳅汤，欢度节庆）。

穿过日式门帘，在铺着榻榻米的宽敞房间最深处设有神龛，（被称为金板的）长板桌上摆上一锅锅的泥鳅火锅，客人肩并着肩享用。盛着葱花的木箱、装酱汁的土瓶，分别装着七味粉及花椒的竹筒也在桌上，整个大房间里都是煮泥鳅的甜味，扑鼻而来。

在备长炭烧得红通通的火炉上，泥鳅锅滚滚地煮着。由于是一整条泥鳅下去煮，因此通称为“丸”[③]。一条约二十公克的小泥鳅，先以酒醺醉之后，再放入味噌汤底熬煮，直至骨头变得绵软。放上满满的葱花，煮熟到合适的程度后便盛盘，洒上七味粉后食用。整条泥鳅当成下酒菜配日本酒，是江户人的传统吃法，久保田万太郎、狮子文六等美食家也喜爱。文六带着井上靖前来时，井上靖害怕一整条鱼的

---

① 江户时代的传统建筑形式，将方木料排列在屋檐下彰显外观。
② 竖向木条的窗户，源自唐代。
③ 日文为一整个、完整的意思。

模样因而改点柳川锅[1]，但看到文六吃得那样津津有味，便戒慎恐惧地伸出筷子夹一口尝了之后，一脸认真地说："这也太好吃了吧！"

即便是有供应柳川锅的店家，也不见得会供应有完整泥鳅的泥鳅锅。要将一条泥鳅整只带骨调理得好，事前准备可是很麻烦、非常费工夫。

驹形泥鳅在安政二年（1855）的大地震中烧毁，明治维新时因讨幕军与上野彰义队的战争而歇业，明治六年（1873）时、大正十二年（1923）的关东大地震、昭和二十年（1945）的东京大空袭中都遇火被烧毁。即使在屡次大火中被烧毁，却仍像不死鸟般不断地复活。

这都是因为这家店的泥鳅锅广受人们支持，现任的老板，第六代的越后屋助七才得以传承至今。第六代老板说，当年川端康成跟着哈多巴士的旅行团突然造访，让他受宠若惊。现在所在的建筑物落成已有四十五年，虽然想要登记为文化财产，但第六代老板还在思考到底应该要怎么做。

驹形泥鳅之所以如此受欢迎，是因为就算只点泥鳅汤配白饭的客人就已经很可观了。明治时代的车夫、担着商品四处贩卖的商人都是急急忙忙扒完泥鳅汤配白饭（五钱五厘）后就急着继续做生意。现在泥鳅汤（三百五十元）配白饭（二百八十元）共六百三十元。白饭是装在饭桶里端上桌，加渍物只要一百元。我从小学的时候就经常去吃，也好几次看过仅点泥鳅汤，急忙配着白饭吃完就迅速离开的客人，那模样十分爽健，我一直都想模仿看看，但每次一到店里，还是忍不住会点泥鳅锅。

---

① 泥鳅锅原来是整条未经切割的泥鳅烹煮，后因有人对有头尾的泥鳅难以下咽，店家改良去头、内脏再烹煮，由南传马町的"万屋"改名为柳川锅。

从战后开始在店里供应的“柳川锅”。

漫画家冈本一平（冈本太郎的父亲）是驹形泥鳅的常客，与第五代老板相熟。一平带着妻子加乃子一同前来时，是昭和十三年（1938）的秋天。冈本加乃子将当时的经验，写成小说《家灵》（于《新潮》新年号）发表后不久，即在昭和十四（1939）年二月十八日骤逝。这篇成为加乃子遗作的《家灵》，写的是泥鳅店女老板与一位年老金工雕刻师傅的爱情故事，在小说中出现的店名为“命”（いのち）。

在岁末即将到来的某日，一位老师傅在收店前进门来，点了“附白饭的泥鳅汤一份”，但是这位总是吃霸王餐，因而被拒绝了。老人只好开始解释他不付钱的原因。

他比手画脚地讲解，“他做出了左手拿凿，右手拿槌的样子，槌从肩头往下挥，持槌之手描绘出令人联想到天体轨道的弧线，在他事先预设好的距离丝毫不差地停住。”

“所以如果连泥鳅都吃不到的话，我就没办法把事情做好”。

他用这样一段话，来获取泥鳅汤与白饭。之后有一天他又来到这里，不断地说服对方：

“我即使被人忌妒、轻蔑，心魔猛然攻击着我时，只要想到将那条小鱼含在口中，用前齿喀拉喀拉地，从头到尾连同骨头全都一点一点地咬碎吞下，那么怨恨就会转移到那条泥鳅上，全都吞肚，并涌出不知从何而来的温柔泪水。”

“被吃掉的小鱼很可怜，吃鱼的我也很可怜，我们是同病相怜……”

前一代的女老板曾经对他说：“如果想吃泥鳅，就尽管来吃吧。”老职人说他会以他用心打造的金雕发簪来代支付，他就这么做了几支发簪给女老板，最后一支是富有古典风情的发簪（发簪颈部是一只鸻鸟）。但由于身体衰老，已经没有能力再打造足以支付餐费的抵押品了。

“……只不过是我长年当作晚餐，已经吃惯的泥鳅汤与一碗饭而已，如果不吃这些食物的话，我无法撑过冬季的夜晚，到了早晨我的身体就会冻到麻痹。我们这种做金雕的人，每件创作都是此生的最后一件，不会考虑明天的事情。如果你是老板的女儿，希望今天晚上您也能惠赐我五六条那细小的鱼。我就算要死，也不想死在这种草木受霜枯竭的夜晚。今晚，一整个晚上，我想要把那小鱼的生命喀拉喀拉地咬碎、吸收至我的骨髓中，让我能继续活下去……”

美食家加乃子赞扬到无以复加的泥鳅汤，是以江户甜味噌与京都红味噌为汤底，碗里有五六条小的泥鳅，洒上少许葱花。一入喉，一股米曲的甘味在口中缓缓散开。这浓稠如西式浓汤的味噌汤，是重口味，所以十分下饭。

加乃子在四十岁到四十二岁之间前往欧洲，成了法国料理通。也是在这个时候，她将儿子太郎带到巴黎陪伴她。由于一平的漫画畅销，收入变得宽裕，因此便放肆挥霍。除了已经没有性关系的丈夫一平外，她带了恋人恒松安夫（战后的岛根县知事）、新田龟三（庆应医院医师）前往欧洲。

归国后创作的小说《食魔》，是相当出色的料理小说。文中不仅仅追求美味的食物，也穿插了料理人的野心、孤独与倦怠感。

加乃子的料理小说，读来令人以为是自己亲手接触料理，舍弃了讲解而是将料理一把装进自己的喉咙中。她十分自恋到连内脏都爱，即便变胖变丑，她也会说：“我的宠物是我的心脏。”

所以才会被世间所憎恶。

曾展示自己对加乃子作品之理解的龟井胜一郎评论道：“经过了这十年，她已经大到像一只大金鱼”（《追悼记》），加乃子非常尊敬的谷崎润一郎则说：“脸上白粉涂得很厚的丑女人，穿衣服的品位很差”，流露出厌恶并完全不将她放在眼中。与丈夫以外的两名恋人一起过日子的这种异常生活，世间投以奇异的目光。油腻而容貌怪异的中年女性，是为何得以过这种一妻多夫的生活呢？在濑户内晴美（寂听）的《加乃子缭乱》书中叙述非常详尽，可以确定的是，支持着加乃子，培育其才能的，是她的丈夫一平。

加乃子是神奈川县橘树郡（现今的川崎市）传承三百年的富商、大贯家（店名为大和屋）的女儿。曾拥有以假名编号的四十八个仓库，备有二十余台的马车，并有百余位用人等庞大资产的大和家破产了，加乃子当时所背负的，是日渐没落之家的“家灵”，若是没有与冈本一平的邂逅，或许她已经自杀了。逐渐崩坏的家，以及无法满足的欲望，若是以自然文学主义的方式进行下去，就会视自己为罪恶、自我否定，但一平将加乃子当女王侍奉，借由这种方式让自己在自我神格化的道路上前进。

崇拜并救了加乃子的一平，同时也是培养出冈本加乃子这个妖怪的加害者，将加乃子带到老店驹形泥鳅，是因为想要让她尝尝泥鳅汤之外，同时让她看到驹形泥鳅的“家灵”。

小说《家灵》还有后续。

女儿的母亲，也就是躺在病床上的前代女老板说：“在这个家成为女老板的人，都受到历任老板的摆布。（中略）谁能够用尽生命来安慰我呢？”将白粉薄薄地刷在脸上，从橱柜中拿出箱子，将它紧靠在脸颊，一脸怀念地摇晃那箱子，听见箱子内金银发簪发出的声音，她发出了“齁、齁、齁、齁”的声音微笑。

在写泥鳅料理店的故事同时，加乃子所着眼的，就是这个微笑，因此才会将店名取为“命”。

对于驹形泥鳅来说，称赞店内的料理固然是不错，但被随便写了一个实际上并不存在的故事，或许也感到困扰吧。

根据一平的回想，为了想要让加乃子知道何谓庶民之味，带她前往驹形的泥鳅店，但吃了之后加乃子便吐了。

驹形泥鳅的第六代老板，和善又有男人味，个性很稳重。他说：

随自己喜好洒上葱花食用的“泥鳅锅”。

洒上满满的山椒后食用的“蒲烧泥鳅”。

“酱菜洒上山椒很好吃哦。”至于为什么在泥鳅料理店里会有凉拌鲸鱼呢？这是因为在《本草纲目》中记载：“鲸鱼与泥鳅本是同目，只是鲸鱼刚好栖息于海中，才会变得如此巨大。”鲸鱼的汉名为海鳅。谈到这样的内容后，他们便觉得“什么？那么把最小的鱼跟最大的鱼摆在一起应该很有趣吧，基于这样的理由，所以从很早以前就提供这道料理了”。这间店的凉拌鲸鱼摆在舌尖上冰冰凉凉的，口味十分清爽。

第六代的老板会前往巴黎及尼斯做荞麦面。他曾受世界级主厨保罗・博库斯（Paul Bocuse）邀请，这七年间经常前去教导制作荞麦面。这么一说，环顾店内，发现有不少法国客人。美国人不喜欢带骨的食物，但精通美食的法国人却喜欢啃骨头。冈本加乃子若是知道有客人从法国远道而来前往驹形泥鳅的话，一定非常吃惊吧。

冈本加乃子（おかもと・かのこ，1889—1939）

生于东京。迹见女子学校毕业。因受到兄长友人谷崎润一郎的影响，而倾醉于文学。以诗人的身份受到肯定，并有多部佛教研究的著作。丈夫冈本一平为畅销漫画家，儿子为艺术家冈本太郎。四十七岁出版小说，虽然出道较晚，但到她突然去世为止的三年间，陆续发表了许多名作。

川端康成与『银座Candle』

女儿敲开拿过来的鸡蛋后，说了声“好了”转身就走。

妻子瞄了一眼后说：“我有点不太舒服，吃不下，你吃吧。”

丈夫也茫然地看了那蛋一眼。

（《蛋·掌中小说》）

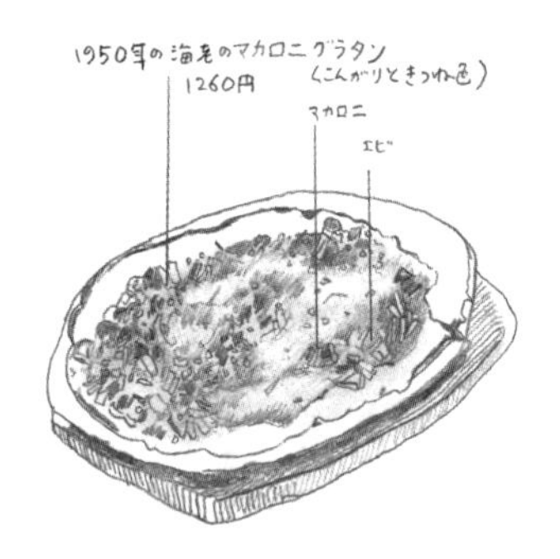

银座Candle
东京都中央区银座7-3-6
有贺写真馆大楼B1
03-3573-5091

“银座Candle”在银座创业，是在昭和二十五年（1950）。第一代老板岩本正直在驻日盟军基地吃了以竹篮盛装的炸鸡后惊为天人，于是与太太雏子商量说：“我想要开一间供应这类食物的料理店。”雏子便提议：“那就做成像在电影《魂断蓝桥》中出现的舞厅‘烛光俱乐部’（Candlelight Club）那样吧！”于是便在御幸通一个转角的二楼，开了这间“Candle”。

战后第五年，正处于食品物资极度不足的时代，要价达八百元（以现在来说要一万三千元之类的感觉）的竹篮炸鸡，是银座才会有的高级料理，令人垂涎不已。

开店当年，川端康成带着二十五岁的三岛由纪夫前来用餐，店内吧台后的墙壁上至今仍挂着两人的签名。当时川端五十一岁，自该年十二月起在《朝日新闻》开始《舞姬》的连载。

川端二十六岁完成《伊豆的舞娘》，一跃成为人气作家，并在三十八岁以《雪国》稳固他的文学地位，四十九岁时担任日本笔会会长。

御幸通上的“Candle”附近有文艺春秋本社，是重要作家、电影明星、歌手聚集的地方。在有大片落地窗的高级店家，享用炸得恰到好处的金黄鸡块，简直就是纯金的美食飨宴。

川端非常瘦小，对食物执着到令人害怕的程度。他出生刚满一岁时死了父亲，来年丧母，七岁时失去祖母，十岁时失去姐姐，十四岁的时候，失去祖父这最后的血缘至亲，成为孤儿。之后虽然被母亲的亲戚领养，但在吃的方面总是有所顾虑。他的友人今东光曾经回忆道：“无寄身之处，成长之时只能在亲戚的家中辗转寄住，这么说虽然对他的亲戚很不好意思，但大家如果事先知道他会成为诺贝尔文学奖得主，或许会对他好一些。然而那时他还小，谁也不知道之后会怎么样，因此大家难免会有‘川端家的累赘’这样的心情。不管寄居哪个家，都一定不会有什么好的待遇。”并称他为“知名的食客”。

一高时代，一放假学生们就会回到故乡，但川端无家可归，因此就跟着今东光到他家。这样的习惯，从那时候开始经过了数十年都没有改变，每年元旦他都会来到今东光家，且不是说什么“新年好”，而是会说“我肚子饿了”“我想吃饭团”，一如往常地开口要东西吃。即便在文坛成名后，还是会坐司机开的自家车前来，并且说：“也做一份给我的司机吃吧。”这些都是川端特意做的，他与今东光就是这么亲近。

为了回报从一高时代开始的恩情，今东光在昭和四十三年（1968），成为参议院选举候选人时，六十九岁时川端担任他的选举事务长，甚至还为他在街头演讲。有了六十二岁获颁文化奖章的川端支持演讲加持，今东光当选了。不仅如此，该年底川端获得了诺贝尔文学奖。甚至有些好事者忌妒地说，为了诺贝尔奖，今东光的弟弟，今日出海文化厅长（当时）曾经有所行动。

川端的成名作《伊豆的舞娘》被视为青春小说，数次改拍成电影；也由于被拍成电影，使其被定义为抒发淡淡哀愁的恋爱故事，成为理解川端文学的一种阻碍。看过电影，但读过原著的人并不多。

三岛由纪夫曾经一语道破：“在《伊豆的舞娘》结尾的‘甜蜜的舒畅感’怎么会是种抒情？这明明是一种反抒情的情绪。”（新潮文库版《解说》）

仔细阅读《伊豆的舞娘》，文中出现这么一个场景是旅馆的老板娘说：“供餐给这种人（流浪艺人）真是浪费。”流浪艺人荣吉的“母亲”要“我”吃吃看鸡肉锅：“要不要试吃一口啊？虽然已被女人的筷

满是西红柿酱的怀旧之味“回归童心的蛋包饭”。

子污染过，会害你被别人笑。”离别时荣吉给了四盒香烟、柿子及一种品名为“ALL”的口腔清新剂。

在小说的最后，“我”一边哭，一边吃着在客舱遇到，要前往东京的少年给他的海苔卷。“我实在是又冷又饿，少年为我打开竹叶外包装，我仿佛忘了这是别人给的东西，猛吃着海苔寿司等食物，然后钻进少年的披风底下”。

接着写道：“不论别人如何亲切地对我，我都怀有一种能够非常自然地接受他人好意的，既美丽又空虚的感受。”这与他一高时期寄宿于今东光家的状况几乎相同。在一片黑暗中虽有少年的体温温暖着，却还是任由眼泪不断流出，“那感觉好像脑海化成一片清澄的水，一滴滴地溢出，到最后什么也不剩的甜美舒畅。”《伊豆的舞娘》便这么结束了。

这种“甜美舒畅”被三岛当作是“反抒情的情绪”，并做了难懂的评论：“纯粹是被选择、限定、固定、结晶化的资质之扩大、应用与敷衍的运动轨迹。”

《伊豆的舞娘》即使一直被认为是美少女与“我”的青春小说题材，但从故事一开始就知道，这段恋情不会开花结果。舞娘被视为是“不会有结果的恋爱对象”，不过只是在“我”心中被架空的“物体”。

这就是武田泰淳所指称的“善于忍耐的虚无主义者”体质。即便如此却仍无法抹去在“食物”的描写上拥有吸引读者的魔术手法，将鸡肉锅或海苔卷这些道具偷偷地安排在其中，有效地应用着。

川端本身不喝酒，但《雪国》的主角岛村却是个善饮、一掷千金的舞蹈评论家。他的恋爱对象驹子，是雪国的温泉艺人，从一开始就知道无法与她结婚。随着约会次数越来越多，驹子纯纯的爱也愈加激烈，岛村为了离开她，中断在此长住。驹子将岛村送到他所留宿的旅馆玄关后，说了声“晚安”，便不知消失到何方，过了一会儿，她在杯子里装满了两杯冷酒，进到房间里，激动地说："来吧，喝吧，我要喝了哦。"

岛村很干脆地将端到他面前的冷酒喝掉。这杯刺激男性自尊心、令人感到哀伤的酒渗入胃中。此一场景，酒被当作是离别的小道具，有效地营造气氛，与《伊豆的舞娘》的海苔卷一样，都是他人献上的"最后的美味"，这样的酒喝来也是最入人心肺。

这积极的被动姿态，是一种稀有的才能，将女性逼迫到不得不这么做的境地，才能将潜伏于苦境中的感官享受与快乐，化为一种"甜美的舒畅感"，使人强韧。对于以区区一纸信，写着"我想要芥川奖"的太宰治，川端之所以会如此冷酷，正是因为川端有着这种更高层次的处于被动的技术。对于一路而来受尽寄人篱下之辛酸的川端来说，太宰这个有钱人儿子会有多失望，他一点也不在乎。

孤绝的食客亲身体会了悲伤之味，将世间冷暖吞进他傲慢的胃里消化。

晚年的川端食量很少，小小的便当可以分成四份来吃，只有"Candle"的竹篮炸鸡才会使他胃口大开，开心地啃食。"Candle"创业前两年，新潮社已开始出版《川端康成全集》共十六卷（于1954年四月才全部出版），是故来到"Candle"时川端的收入已丰，他会带着岸惠子、榎本健一一起前来。"Candle"是20世纪50年代的"豪华餐厅代表"，不过现在已经将店面搬移至银座外堀通上的有贺照相馆地下一楼，第三代老板岩本忠以便宜的价格，推出"怀旧西餐"。将鸡肉沾上面衣，跟炸猪排一样的手法油炸是其特色。

川端获颁文化勋章是在六十二岁时，已开始于《朝日新闻》连载的《古都》中，出现京都的锦市场或汤波半、上七轩、圆山公园的左阿弥这些高级日本料理店。当时，川端已惯用安眠药，他在后记中写道："写完《古都》大约十天之后，我住进冲中内科医院。多年来持续使用安眠药，终于严重成瘾，先前就想从这种毒害中逃出的我，借由《古都》结束的机会，某天，突然停止使用安眠药，不料马上就产生了激烈的戒断症状，而被转送到东大医院。”此后约有十天他陷入昏迷，失去意识。

川端不记得执笔期间的事情，沉醉于安眠药中，在恍忽的状态下创作《古都》，他坦言是“我异常状态下的产物”。六十一岁时的杰作《睡美人》，以及两年后的《单手》，都是服用安眠药状态下创作的。

秀子夫人也这么证实：“他对金钱毫不在意，甚至是鄙视。”（《在川端康成身边》）。川端的特技是“参观百货公司”，不管东西是贵还是便宜，只要喜欢就会全部买下来送给别人。当他深深地认为有车会非常方便，就买了辆奔驰。另一个冲动购物的例子，就是逗子滨海公寓。虽然是买来当作工作室，但因为每月分期付款，秀子夫人证实：“丈夫去世后，留下了巨额的借款。”

他买的时候或许做梦都没想到，这间逗子滨海公寓，将要变成在他七十二岁时以瓦斯自杀的地方。

川端在逗子滨海公寓的个人房间，喝下威士忌和吃了安眠药之后，衔着瓦斯管自杀。在他自杀两年前的十一月，三岛由纪夫切腹自杀，川端当时担任他的葬礼委员长。

三岛之死，成为加速川端走向死亡的引信。三岛对于成长历程等同于孤儿的川端，曾这么描写：“虽然有这样敏锐的感受性，却能够不跌倒，不受伤地成长，几乎是一个令人无法相信的奇迹。”

川端是从“二战”中开始服用安眠药，此事记录在他的《日记》中。带着年轻的三岛前往“Candle”时的川端，已沉浸于安眠药中。即便如此，但有三岛或是女演员陪伴、一起在“Candle”享用竹篮炸鸡的日子，也是川端精力充足的黄金时期。在一块炸鸡之中，封入了“黄金的无尽沙漠”。

“元祖！被说是世界上最好吃的竹篮炸鸡。”

二百克分量十足的“特选和牛汉堡”。

川端康成（かわばた・やすなり，1899—1972）

生于大阪。东京帝国大学文学部国文系毕业，青少年时代便志向从事作家，与横光利一等人创立杂志《文艺时代》，成为新感觉派运动的旗手。大正十五年（1926）出版的《伊豆的舞娘》及昭和十二年（1937）的《雪国》等作品使他成为知名作家。昭和三十六年（1961）获颁文化勋章，昭和四十三年获颁诺贝尔文学奖。最终含煤气管自杀，震惊世人。

坂口安吾与『染太郎』

……当我坐上这台车，似乎就已注定了要在银座、新宿、上野、浅草来回奔走的命运，这次也是如此。于是我来到浅草的染太郎。

《安吾巷谈·赤裸谩骂》

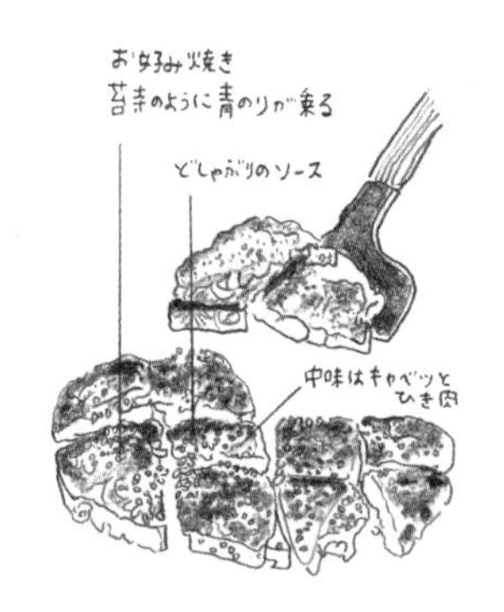

染太郎
东京都台东区西浅草2-2-2
03-3844-9502

因创作《风博士》《海之雾》而受到文坛瞩目的坂口安吾，辗转于蒲田、京都、大森、本乡菊富士饭店、小田原等地，持续发表作品。昭和十八年（1943）三十七岁时，在亲生母亲阿佐去世一年的忌日，回到故乡新潟，十月出版短篇集《真珠》，却被以内容违背军国主义的国家政策为理由而禁止再版。带着郁闷的心情，他在这一年除夕于浅草的什锦烧店“染太郎”彻夜饮酒。

这正是战争最激烈的时候。新年元旦，坂口与淀桥太郎（来自浅草的轻戏剧编剧），前往国际剧场观赏少女歌剧，喝得烂醉，最后还在休息室演说了起来。

为了逃避征兵，安吾接下日本电影社的委托，写了几部剧本但最终都并未拍成电影。在这一年，其兄献吉就任新潟日报社社长。据说安吾写了几篇稿，但因为担心会被禁，因此并未刊出。

昭和二十五年（1950）在四十四岁时所创作的《安吾巷谈》中，“浅草的染太郎”登场。

这间店的名称叫作染太郎，虽然是间什锦烧店的店名，但探询缘由之后，才知这原本是一位漫才师的名字。这么一说，一切就都通了。浅草人，本就是与千日前或道顿堀频繁往来。（《脱衣舞秀谩骂》）

这一天，安吾在染太郎与色情小剧场（脱衣舞秀）的创办人淀桥太郎碰面，一同前去观赏脱衣舞秀。正好浅草小剧场的社长在隔壁房间午睡，因此就介绍他们认识。

浅草的染太郎是“艺人、无赖、文士”聚集的地方，高见顺也将此地评为“风流什锦烧店”，并频繁造访此地。染太郎当时是浅草这个繁华地方的文化发源基地。

安吾与染太郎打好关系后，甚至将这里当作事务所来使用。之所以说“但探询缘由之后，才知这原本是一位漫才师的名字”，是由于这间店原本的老板，以“染太郎”为艺名而表演脱口秀的缘故。他们唱着清元调伴奏，组成“染太郎·染次郎”的双人团体。后来染太郎先生上了战场，留下来的美丽妻子（崎本春）便在昭和十二（1937）年开了这间店。

安吾开始惯用兴奋剂，是在四十岁左右，这一年他创作了《堕落论》。从这个时候开始到四十八岁去世为止，持续大量创作。由于惯用安眠药引起幻听及幻觉，四十二岁因此到东京大学医院住院。

对于安吾来说，使用兴奋剂和安眠药，完全不是为了要得到快乐或安逸，只将它们视为一种实用的药剂。当他在深夜开始写稿，就会持续四天左右的不眠不休，因此兴奋剂是必要的。当完工后即使想要入睡也难以入眠，因此便会服用安眠药。安眠药成瘾持续恶化后，一天会服用达六次。

他是一位对自己庞大身躯非常困扰的大胃王。

他成长于新潟这个有美味鱼鲜的地方，父亲是众议院议员，老家则是占地面积有五百二十坪的豪宅。宅邸是一栋有九十坪以上，如寺院般的建筑物，周边有高大的松树包围着。虽然他是为反抗而离开家里，但从小被豪奢喂养的美食体验并不会因此而消去。

安吾虽是个无赖，但用功的程度却超越一般人，就像是在逼迫自己似地不断创作。他是个工作狂，重人情，个性亦好。

战后，染太郎完全成为安吾最喜爱的店家。安吾虽然会招待友人享用豪华的食物，但他非常讨厌重视门面的高级日本料理店。若是遇上食物和酒都很高级，但价格却很划算的店家，安吾会特别开心。

将切成四份的年糕压成四角形，中间放入绞肉后煎成的“烧卖天”。

“高级日本料理店最重视的是气氛，在那个讲究技艺与气氛的世界，有没有良心是看个人，这一点与我们的情况或许是相同的吧。”这是安吾式的评判标准。

在昭和二十八年（1953）时，安吾四十六岁时到松元市游玩，因服用了安眠药与威士忌而大闹，被抓进拘留所。从拘留所出来的八月六日，长男纲男出生。

我回想着这些事情，在阳光十分强烈的盛夏，与坂口纲男先生（摄影家）一同前往染太郎。这是一间夹在大厦与大厦间，铁皮外观的民家，在竹子构成的墙内面种植了叶兰，葡萄藤也枝叶茂盛地生长。左侧有夏橙，树头挂有写着“冰”字的日式门帘，垂吊而下。镀锡钢板的黑墙上有雪白色的店名“染”字浮现，红红的灯笼上写着“什锦烧染太郎”，看上去就像新派剧[1]的舞台。

玄关的三合土[2]上洒过水。店内没有冷气，电风扇嗡嗡地旋转着。

铁板墙闪耀黝黑的光泽，上头装饰着坂口安吾的泛黄签名板。

曾有男子

手碰到铁板

却没有烫伤

昭和二十九年十一月四日　安吾

旁边写着“给信贵山美人（指的是老板娘春女士）染太郎”，这是在他去世前三个月的事情。这一天，安吾喝得烂醉，手放到炙热的铁

① 日本剧的一种，多以写实手法表演。
② 是一种混合砖红壤、砂砾、熟石灰，并以卤水加热凝固后使用的建材。

板上，却没有烫伤，可见他手上的皮肤非常厚。

看了菜单，上头写着味噌黄瓜、黄瓜梅肉、竹叶鱼板、冷豆腐，每一道都是三百八十元，烤乌贼脚四百八十元，价格较高的是烤虾七百三十元。原来如此，就是这种浅草的平价很得安吾喜爱。对安吾来说，价格也是味道的一环。

我们点了三原烧。进口面粉做成的面浆在铁板上哗啦地散开，伍斯特酱[①]焦香的气味刺激鼻腔，酱汁香气迅速地窜入鼻子。

将绿海苔轻轻地洒上，好了，完成。江户人不加美奶滋，口感酥脆，带有满满人情味。

面浆上摆进高丽菜、面衣屑、洋葱、绞肉、红姜等各式各样的食材。

接下来又吃了什锦炒面（六百三十元）及烧卖天（六百三十元），有种馄饨的味道。大阪的什锦烧辗转来到浅草，变成了艺人、文人喜爱的简单滋味。

不过好吃又精通料理的安吾，应该不可能满足于每天都吃什锦烧配酒吧。这么一问，纲男便回答："他有时会带上一条鲑鱼或是些蔬菜，在这块铁板上煎哦。"原来如此，他着眼的是铁板，这确实就是安吾的作风，《堕落论》中提到"必要"的精神，也充分应用在这块铁板上。

每年二月十七日所举行的安吾忌聚会，有好几次都在这间店举办。过一会儿后老板崎本仁彦先生便出现了。当年安吾频繁来访的时候，仁彦先生还是中学生。据说住在二楼创作时的安吾，曾在深夜命令他："去帮我买稿纸回来。"仁彦先生虽然知道他是"地位崇高的小说家"，但没有察觉他是"无赖派开宗始祖"。上大学后，知道他是坂

① 一种英国调味料，味道酸甜微辣。

口安吾，便向他请教“作文该怎么写比较好呢？”据说安吾告诉他：“诀窍是写过就不要修改。”

仁彦先生开心地述说关于清金（清水金一）、森信（森川信）、八波六与志、由利彻等浅草艺人的回忆。不做作、便宜、纯真的人情味是这间店的特色。虽然没有冷气，但浅草小巷间流通的风会从店内吹过。

嘎嘎作响的老旧民家走廊上，昭和的时间静止着。偶尔会有外国客人出现，或许是因为被写进给外国人的旅游导览书上的缘故吧。就算不认识安吾、清金的外国人，也能够在这间店感受昭和的气氛。

“安吾老师会在吐司上放上一块照烧鰤鱼来吃。威士忌则都喝三得利的角瓶。”仁彦先生看着远方这么说着。将面包烤得酥脆后涂上奶油、再夹上鱼肉、鳕鱼子、鲑鱼卵、味噌腌鱼来吃。安吾之所以会深陷兴奋剂与安眠药，是因为有时代不安的背景存在。友人太宰治殉情，感情形同弟弟的田中英光自杀，每个人都处于慌乱之中。《堕落论》受到瞩目，殉死于时代的安吾心中也是一片慌乱。

但是在安吾的舌尖上有着浓缩的合理性，有求道派纯真的味道。只要听到铁板上锵锵鸣放着煎什锦烧声音，故事便要开始。

安吾寄宿于檀一雄家时，曾经发生百人份咖喱饭外送事件。安吾不知是税金迟缴、赌自行车赛而患上被害妄想症，在檀府吃了安眠药的安吾，点了一百人份的咖喱饭外送，咖喱饭不断地被送来，在走廊排成了一列。

“途中发现了不能请对方不要再出了吗？”我问纲男，他说：“最后是该店装咖喱饭用的盘子都用完了，所以好像没有送到一百人份。”是这样啊。安吾就是会发生这种豪爽的轶事。

安吾在昭和三十年（1955）二月十七日，于桐生的自宅因脑溢血去世享年四十八岁，两天前他还留宿于染太郎。

他为了中央公论《安吾新日本风土记》的采访出门，回到东京

在高丽菜、绞肉上加入炒面的招牌菜。

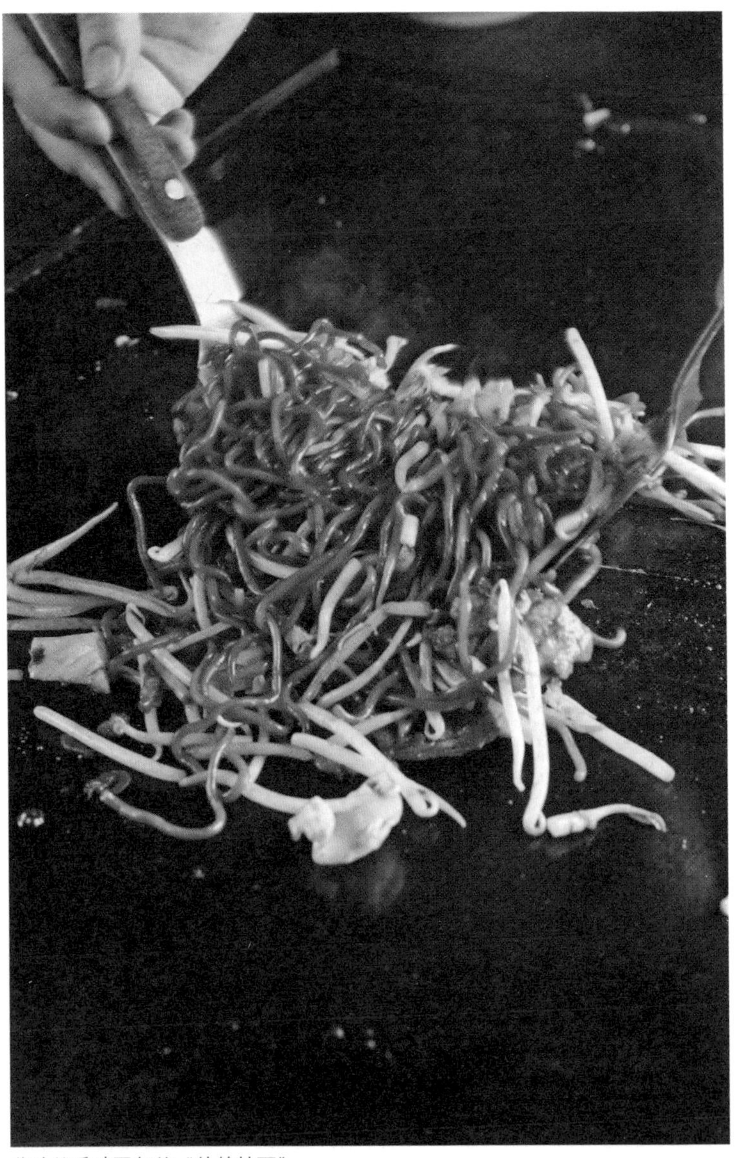

酱汁的香味飘起的“什锦炒面”。

后顺道去染太郎喝酒喝到很晚，错过回桐生的电车。他在染太郎住了一晚后回到桐生，将作为伴手礼的珊瑚交给夫人三千代女士，看了纲男的睡脸后自己也去睡了，在后天早上七点五十五分长眠。若再晚两天，就会在染太郎过世，但他还是安全滑上垒包，在家人的身旁长眠。

在《堕落论》中，安吾主张“眼光要朝向人们”。在旅途的终点，他对着家族说“看着我吧”之后死去。若想要了解安吾的话，就看着“染太郎”吧。

坂口安吾（さかぐち・あんご，1906—1955）

生于新潟市。昭和六年因《风博士》而受到瞩目，并因昭和二十一年（1946）发表的《堕落论》而成为无赖派代表的流行作家。写作历史小说如《信长》、侦探小说如《不连续杀人事件》、随笔与评论等，在多方面表现相当活跃，但由于大量摄取安眠药及酒精危害健康，最后因脑溢血而猝逝。

檀一雄与『山珍居』

只要是可以吃到猪脚的店，大概不管哪里都会去吧。

例如，涉谷的台湾居酒屋“丽乡”，或是十二社的“山珍居”，在这样的店里边啃猪脚边喝酒，没有比这更快乐的事了。

（《我的百味真髓》）

山珍居
东京都新宿区西新宿4-4-16
03-3376-0541

山珍居，店名的意思是提供山海珍味的居所（建筑物），食材当然不用说，料理手艺也相当高超，由黄善彻（昵称小彻）经营。

檀一雄第一次来到山珍居时，小彻歪着头想不通："这个人是做什么的啊？"

他一个人来到店里，津津有味地享用烩猪杂，细细地品味，既不像是料理人，也没有餐厅经营者的样子。

虽然是个不起眼的客人，但只要一看到他吃东西的方式，就知道这个人不简单。

他很喜欢猪脚，每次必点炒米粉。来了几次熟识之后，便会询问："用了哪些调味料？""酱油是用哪个牌子？"因为都是很核心的问题，小彻很害怕地猜测他是"食品安全调查官"或"无所事事的大富豪"，即使如此，还是不知道他是做什么的。

虽然碰过有客人讲起酒来头头是道，但连用了五香或蚝油等都被他吃出来，就太令人惊讶了。有一次，有位台湾友人从家乡带了茭白笋回日本，拿到山珍居来，他炒了之后一端出来，檀一雄马上告诉他说："这是生长于沼泽的一种草本植物，菌类寄生于茎的根部后，会像竹笋一样膨大。"

当时在日本并没有贩卖茭白笋，檀一雄还更进一步说明："这是看起来像菖蒲的草，可以长到两米左右。日本虽也能生长，但台湾产的特别好吃，叶子可以拿来包粽子。"

由此可见，檀一雄不只是小说家，也是位擅长料理的美食家。他只要与店家混熟后，便会带着儿子檀太郎，或年轻又聪明的编辑（其实就是我）走一趟，在杂志上介绍该店的料理。

粽子曾在《檀氏料理》（中公文库）中出现，被介绍是“有放料的肉粽”，做法与山珍居几乎完全相同。

首先，准备糯米一升（二十颗份）、猪五花肉四百克、鸡内脏四百克、香菇、姜，等等。将材料先以薄口酱油与酒调味后，再与糯米一起用竹叶包成三角形后入锅蒸。檀风的做法是，在材料中多加银杏或百合根，甚至还会丢进一把番红花。

炖猪脚则是先将猪脚水煮五小时后，再以绍兴酒、酱油卤。如此一来脂肪会浮出，成为油渣捞去，仅留下蛋白质。细小的骨头在口中即可轻松地与肉分解，感觉像是自己的牙齿脱落，那口感非常有趣。

这道菜让小彻这么抱怨：“我父亲做的时候，会加入半瓶绍兴酒，完全无视成本。”

换成檀氏做法更夸张：“剃刀刮除猪脚毛，接着再以火烤过、用盐或醋充分揉洗。如果这样还觉得不够干净，可以再用食物清洁剂清洗，以豆渣揉过，接着煮过再沥干。”

如今《檀氏料理》已是畅销书，并成为家庭主妇的料理入门书，但昭和四十五年（1970）的家庭主妇，真的会做到这种程度吗？檀一雄在书的开头是这么写道：“我之所以必须做菜，是因为在我九岁时，母亲离家的缘故。”

母亲突然离家出走后，下面还有三个尚未就读小学的妹妹，所以“我”只好去买菜、做菜。父亲是乡下地主的儿子，根本不可能去采买鱼或蔬菜，虽然有一阵子是靠叫外送便当撑过来，但年幼的妹妹还是吃不饱。因此逼使他学会以炭火炉或炉灶煮饭、做菜。在山上走了一圈，他发现满地都是美味的食材，有蕨类、百合根、香菇、芋头等。也曾经在不知情的情况下，将看起来很美味的野草采来煮，吃了中毒呕吐。在这些经验不断累积之下，他了解到料理的乐趣，就算是在他流浪的过程中也能够随地取材煮来吃。

对檀一雄来说，因为失去母亲，创造了他的味觉。由于母亲的缺

“猪脚”。

席，一方面，他靠自己确立了与料理的关系；另一方面，也增强了他对一般市民平凡无奇的生活之厌恶。在“天生的流浪冲动”之下，檀一雄不断重复浪漫的流浪之旅，平稳的家庭生活因此崩坏。

世间所谓“孩子的味觉为母亲创造”在他身上并不适用。《我的百味真髓》里这么写着：“我的流浪癖助长了自己的食物自己生产的生活方式，反之，这种生活方式也加速我去流浪的冲动。”

在描写生长历程的作品集《母亲的手》中，有这么一句话：“关于母亲最初的回忆是什么呢？”有时母亲会蹲在井边，偷偷地在纸片上写情诗。年幼的“我”曾经在夜半醒来，看到父亲骑乘在赤裸的母亲上，以短刀刺向母亲。这样的母亲有了年轻的情人，留下一张写着“吃得苦中苦，方为人上人”的字条后便离“我”而去。

檀一雄曾说：“自幼，我就将母亲当作是与自己没有关系的人。”自己有意识地舍弃了母亲，结果是造就了他的厨艺，以及能客观地观看他的至亲。

檀与太宰治变得熟稔，是由于在昭和八年（1933）他二十一岁时，一起就读于东京帝国大学时。来年，他与古谷纲武等人创立同人杂志，资金是来自母亲富美女士。

在他的作品中被写成坏人的母亲，在现实中彼此关系已修补。不仅如此，富美女士还提供了小说的题材。通过同人杂志，檀一雄与坂口安吾熟稔了起来，追求放荡、饮酒的快乐，此时为二十一岁。

三十九岁时，获得直木奖，成为人气作家，生活也安定下来。

至此为止的檀一雄，除了小说《律子之爱》《律子之死》外，与太宰治或坂口安吾一起无赖度日的作家形象愈加强烈。无赖作家与料理爱好者的特质，在一般人的眼中是没有联结点的，但从“母亲是与自己没有关系的人”这个因母亲不在而造成的心结来想，这就是一个必然的结果。

檀一雄是个豪放的人，脾气非常好，相当重视朋友，绝口不说别人的坏话。认识檀一雄的人都会被他的人格所吸引。他是个在九州岛男儿特有的豪快感中，藏有如流星般孤独的人，使得豪快男儿味更增添魅力。

放荡的生活是一种对于从双亲得到过于强韧的躯体，不知如何是好，因而无所事事地放任于虚泛时空中的一种行为，是一种刻意让自己蛮干的意志，在从事这些行为时，与平稳的生活冲突，最后就会出事。

描述因为在外面有了恋人而逃家，住家遭受祝融之灾的小说《火宅之人》，是在他死去前一年，昭和五十年（1975）六十三岁时出版。

惯用兴奋剂与镇静剂的坂口安吾已去世，太宰治也因殉情而死。即使与新剧女演员同居，家里遭受祝融之灾，他也无法忘记家人。安吾、太宰有檀一雄的陪伴，但檀一雄身边却没有像他一样的人存在。对于檀一雄来说，支撑其心灵的，不就是料理吗？对料理无尽的欲望，正是他的自我救赎。

一开始是起因于不得已，“因为母亲不在家，只好由我来做料理”，然而到了他的后半生则被“料理所拥有的不可思议魔力”所收服。坂口安吾曾一语道破：“檀一雄之所以爱做菜，是因为料理可以防止他发狂，所以他才这么努力要做这些豪华料理，也连带造福周围的人。”

料理能够抚慰人心。

将肉或鱼拿来炖煮、蒸、烤的这段混沌时间，有足以压抑疯狂，让人心完全沉静的力量。锅中炖肉滋滋作响的声音，从锅内窜出来的香气，带人走进味觉迷宫的各种香辛料，这些会融为一体盛装在盘中端上桌的感官享受，是抑制无赖欲望最有效的方法。

檀一雄对于重视门面的高级料理店没有兴趣，所以才会喜欢山珍居的炒大肠、卤猪脚、肉粽。

俄罗斯、中国、葡萄牙等各国鱼市场所卖的炖煮料理是他喜欢的味道。西班牙风蒜香花枝、韭菜炒猪肝、炖牛尾、猪心猪舌锅、大正可乐饼、咖喱饭、炖鲭鱼、卤牛蒡、罗宋汤、蛤蜊巧达汤……这些虽然只是一般的庶民料理，却充满生存的活力。此外还有鮟鱇火锅、麻婆豆腐、强棒面[①]、西班牙海鲜饭、马赛鱼汤、盐渍牛舌，等等。

领教过檀一雄的厨艺的我，吃遍《檀氏料理》中登场的菜色，多少学到一些料理手法，但檀一雄的儿子檀太郎是青出于蓝更胜于蓝，所以至今我还是仰赖太郎制作檀氏料理。

我想起一件事，是关于昭和四十七年（1972）檀一雄自葡萄牙归国的回忆。我在当时编辑的杂志中做了一个檀一雄与水上勉对谈的企划，没想清楚便订了银座的高级日本料理店作为对谈的地点。原本想说檀一雄刚从长途旅行中归国，吃日本料理或许会比较合适，结果这是一个错误判断。

檀一雄在对谈中，动也没动眼前的料理。K是超级有名的日本料理店，因此檀一雄坚拒的态度，出乎意料。明明随便一家定食店吃不完的炊饭他都会打包带回家，面对高级日本料理店的餐点却刻意滴口不沾，显示出一种执傲顽固的意志。

对谈结束后，檀一雄与我转往新宿山珍居，点了猪脚、炒米粉跟肉粽来吃。

① 据传源自长崎的一种什锦面，有猪肉、贝类、鱼类及大量蔬菜。

包了猪肉或虾子、蛋、香菇的“肉粽”。

台湾人非常喜欢，檀一雄也爱吃的“炒筊白笋”。

檀一雄（だん・かずお，1912—1976）

生于山梨县，与太宰治、坂口安吾等人往来，被称为“最后的无赖派作家”，也以《檀氏料理》等美食散文闻名。昭和二十六年（1951）以《长恨歌》拿下直木奖，昭和五十一年（1976）以遗作《火宅之人》获颁读卖文学奖。

吉田健一与『Luncheon』

这种啤酒吧之所以好，或许是在这里始终谁都不会去打扰谁，因而得以悠闲地待着。

（《我的食物志·喝的场所》）

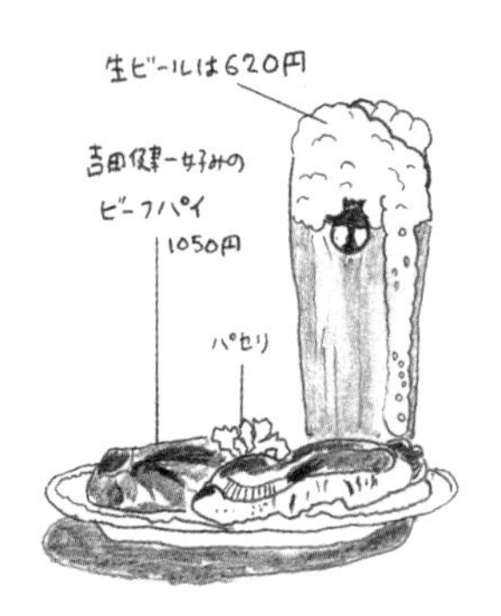

Luncheon
东京都千代田区神田神保町1-6
03-3233-0866

位于神田神保町旧书店街的Luncheon，是一间被吉田健一当作接待室使用的啤酒吧。

昭和三十八年（1963），五十一岁的吉田健一成为中央大学文学部的专任教授，每周四的上午十一点会来到Luncheon。编辑、朋友会聚集在此，一边喝着啤酒，一边讨论或是交付原稿。稿费以现金支付，吉田便以这些钱点几道冷盘或炖牛肉当作下酒菜，然后喝四五杯啤酒。

Luncheon这个名字来自英文，意为“时髦的午餐”。这是一间在明治四十二年（1909）创业的餐厅，地位有如日本西餐拓荒者，开店当时并没有店名，仅靠着“西餐厅”便广为人知。吉田健一与第二代老板铃木信三非常投缘，曾说：“如果不是信三帮我倒的啤酒就不好喝了。”吉田有在英国（剑桥大学）留学的经验，会在酒吧里点些好拿取的下酒菜，第三代老板因此想出了用派皮把炖牛肉包起来的牛肉派，这道料理至今仍是Luncheon的名菜。

喝完啤酒之后，吉田会挥舞着丝绢手帕，高声喊着“老板”，并点杯“立顿”。吧台内的老板便会将煮好的立顿红茶与三得利“我的”威士忌（Suntory Old Whisky）的瓶子，放在托盘上一起端来，将双份威士忌加入红茶内。喝得微醺的吉田走出门外，高喊：“喂，出租车！”拦了车赶往学校，当时他在中央大学教授“近代英文学”。

虽然是在喝醉的状态下教学，但据说他从来都没有缺席过。不仅如此，由于酒精的作用，讲课内容丰富有趣又流畅，他不但博学多闻，个性也轻妙洒脱、自由自在。

不仅在中央大学，吉田在我就读的国学院大学里也教授“文学概论”，当时我相当期待每周一次的课程。坐在教室最前排的我，一边闻着“西班牙堤欧雪莉酒”（tiopepe）的味道，一边听着吉田健一的讲课。

内容是关于近代以前的日文文学，彻底贬抑藤村（岛崎藤村）、花袋（田山花袋）的自然主义文学。我猜他上课时应该是讲述“从国外输入的近代文学是不成熟的，日本传统文学才是足以向世界夸耀的”之类的内容，然而除了酒以外的事，我几乎都不记得。

唯一一件存在我记忆中的，就是他说“我是文士，但并不是作家”这样的论调。所谓的文士，是指“以文笔作为维生之业的人士”。拥有英国文学者、文艺评论家、小说家三个身份的吉田健一，毫无疑问就是一位文士。他的打扮，会将绅士帽的帽檐往下拉，稍微把帽子戴低一点。这名受过英国教育的型男绅士，喝醉后站在讲台上，毫不停歇地畅谈古今东西的名诗。

我熟读吉田健一的随笔或是小说，是之后的事了，不过标点符号多、内容长的文章，与他喝酒后授课时的气息相当类似。

据大冈升平回想：“昭和六年（1931）自剑桥归来后，喝了不该喝的酒后进行文学谈论的他，……（中略）……由于在国外成长的关系，在昭和二十三年（1948）《批评》杂志的会议时，因对日文的生疏，误将‘人妻’（hitotsuma）念成zinsai，从昭和二十四年（1949）推出《英国的文学》后，我就一直尊敬着他。”（《英国的文学》与《酒宴》）

曾经有人说过当他在饭店大厅从吉田茂、吉田健一父子身旁经过时，他们父子俩正用英文交谈。

当父亲吉田茂去世时，他曾经向铃木信三说想要借一台可放心托运的卡车，问铃木有没有认识的人。他说：“爸爸那边（大矶），收藏许多世界高级名酒。书画也好，器物也好，这些东西大家都拿走了，他们高兴就好。不过，只有酒我要自己留下。”他这么说，然后从吉田

非常下酒的“意大利色拉”。

茂在大矶的住宅运了一卡车的酒。

吉田茂去世后，众人强烈要求当父亲的继承者，要成为一名政治家，但他坚决地拒绝，或许就是因为身为文士的矜持吧。

昭和五十年（1975）四月，Luncheon发生了火灾。起火点在隔壁，由于是连栋建筑，当火势延烧至Luncheon二楼时，吉田健一正在一楼喝着啤酒。现在的Luncheon虽然在二楼，但当时还在一楼。

在二楼被火焰包围时，吉田健一依照惯例点了“堤欧雪莉酒与啤酒”。当老板高声喊了“老师，火灾！”他回说“是哦，哪里有火灾？”“我们店的二楼正在起火，赶快逃吧！”

据说他将帽子与包包拿在手上，还说：“好，那帮我结账。”当时的故事，吉田健一写成了一篇《白天的火灾》。

前几天我去了平日去神田常光顾的啤酒吧喝酒时，店家发生火灾。因为我大多在白天前往这间店，而这场火灾也是在白天发生，且又是间位于热闹街道上的店，所以门外聚集了许多人。就算我没有写出这是在哪里、怎样的一间店，但是若将当时的情况转化为活字，无差别地被囫囵吸收后，变成了一个愚蠢的背诵条式，或是刻板印象，大家就会以同样的形式，将此认真当一回事，“这就是白天发生火灾的啤酒吧”这一段文字只要一被印刷出去，这里就会变成一定得去看一次的名胜。

如果写出店家的名字，就会出现只是前来凑热闹的客人，因此干脆不提店名。不久后消防车来了，消防车水泵的水从天花板落下。他开始出现了“由于这栋建筑物是在明治四十二年（1909）建成的，因此虽然没有京都的龙安寺那么的古老，但也没有比新宿这一带的店新颖”等各式各样的感想，他断言“这间店的生啤酒非常好喝”，然后内容变成了啤酒论，“这种令人感觉如同在自己家中般的店家，并不多。”

接下来话题跳到旧书店街，再转到讨厌观光巴士、外国的酒吧、乡下人、明治维新、公立学校、寿司店、亨利·博格森（Henri Bergson）……然后又说：“……若君子之交必须淡如水，那么朋友之交也可说应该像生啤酒的泡沫一样。不过自从不再去那间失火的店后，我的确觉得再也没喝过跟那间店一样好喝的生啤酒了。”

这篇文章十分冗长、拐弯抹角，要是拿来当国文考试的考题，要我“以两百字整理出作者想要表达的旨意”我恐怕是无法作答。这就是吉田健一文章的特色，整个陷入无法整理的思考回路，以及一进一退发展下去的迷宫中。吉田健一的酩酊，是以西欧文学与日本文学所蕴藏的知识为酵母而发酵的。他不会过于强调文学的实用性，这也是他与从前“钵木会”的文学同志三岛由纪夫诀别的原因。他不会声嘶力竭地想要述说些什么。吉田健一发挥本领之处，在于他对于未知的自己探索自省的观照。

虽是以文学为志，但他淡然地认知“即使没有文学，也没有人会感到困扰”。并想要从这种观点重新检视文学。

昭和四十四年（1969），从中央大学辞职后，吉田健一依旧会去Luncheon。“在这个广阔的世界上即使我什么都不做，还能够接受我一切的，就只有酒而已。”（《酒吧》）

“如果有人要跟我邀稿，且随便我爱写些什么都可以，不可思议的，我一定会想要写跟食物有关的事。但是，若被要求写些关于食物的文章，就会觉得‘真是愚蠢！’心里满是愤慨、满肚子气。也因此，关于与食物相关的稿子，最近不知道累积了多少，但我也一直不断地婉拒邀稿。不过要是可以一开始就跟我说要我随便写什么都可以的话，我就会写关于食物的内容。”（《宿醉》）

这是无尽地重复自我诘问。

吉田健一在Luncheon的位置是固定的。由面对靖国通的入口进入，在最右侧的墙边，从里头数来的第二个四人座方桌，背对入口坐下。如果已经有其他的客人在，他就会先在其他的位子上等待。服务生递上擦手巾后，他仔细地擦拭双手，然后去一趟洗手间，回来就开始点生啤酒喝。据说他在昭和五十二年（1977）六十五岁去世时，还咕哝着："今天是去Luncheon的日子。"

现在的Luncheon，由第四代老板铃木宽先生，忠实地传承着前人的斟酒方式。当我前往神田旧书店时，曾经拿着刚买的旧书在Luncheon喝了杯六百二十元的生啤酒，在那里翻阅将刚买来的旧书。我通常都是与坂崎重盛一起去买旧书，彼此炫耀当天的战利品。坂崎点了牛肉派（一千零五十元），我则是火腿肉（一千二百五十元）与烤鸡肉（一千二百五十元）。接着喝杯黑生啤酒，有时兴致一来就点威士忌，或是西班牙堤欧雪莉酒、史坦因海卡酒。Luncheon的价格非常合理，每道菜都十分美味。

从二楼的窗户，可以看到靖国通的路树及旧书店街。买完旧书坐在Luncheon，是最幸福的时刻，时间缓缓地流过。若是照吉田健一的说法，把店家的名字写出来，就会让那些觉得有趣的人前来观光，打扰常客，我这个粗野的乡下人兴冲冲地跑来确实也会感到丢脸，不对，想到Luncheon为神田旧书店街的啤酒吧，有许多文人会不时前往，不可能到了现在还想要把店名隐藏起来，终于我也将自己寄身于吉田健一式的悠闲时光中。

分量十足的“猪排三明治”。

芳香的“烤鸡肉”。

吉田健一（よしだ·けんいち，1912—1977）

生于东京。日本前首相吉田茂的长男。战前，跟随当时为外交官的父亲，在中国、欧洲一些国家度过童年。剑桥大学肄业后归国，开始从事翻译的工作。昭和十四年（1939）创立杂志《批评》。之后，广泛地写作文艺评论、随笔、小说。昭和四十五年（1970）以《欧洲的世纪末》获颁野间文艺奖，以《瓦砾之中》获颁读卖文学奖。

水上勉与『万春』

风吹拂着。我没有看时钟，不过大概已经过一点了吧。

我打算要乘车去千本，途中有一间酒吧我想顺路去一下，要是有位子的话就进去。那间叫万春的酒吧，它与一般酒吧不同，吧台后方是宽广的三合土，开阔的感觉非常舒服。

（《游历京都·京都上七轩》）

万春
京都府京都市上京区北野
上七轩真盛町712
075-463-8598

我曾在位于轻井泽南之丘的水上勉山庄，吃过他亲手做的苹果生菜色拉。苹果与生菜切得细细碎碎的，加上煮过后再压碎的马铃薯，以美乃滋一同拌匀，摆在生菜上盛盘。马铃薯以擂钵压碎拌与美乃滋，是水上式的做法。

水上说，这道菜是模仿位于京都上七轩的“万春”，终究还是比不上万春的美味。水上勉晚年时会从位于京都的工作室坐轮椅前去“万春”享用他们的苹果芹菜色拉。

上七轩是京都最古老的烟花巷，与祇园、先斗町相较之下非常不起眼，却有充满古风而实在的茶馆或酒吧。“万春”的苹果芹菜色拉，是将切成薄片的苹果与芹菜，拌以自制美乃滋的料理，与水上勉的色拉相较，飘散着一种烟花巷特有的性感。水上勉色拉，有时也会加入小黄瓜、白萝卜或红萝卜等手边现有食材，做成富含禅味的料理。

水上勉五十三岁时，在轻井泽建造山庄作为他的工作室。记得他开始自己做菜，大约是在三年后。他将山庄角落的一块地拿来做菜园，种植萝卜、叶菜类蔬菜，也摘采附近山野的山菜来制作素斋。

他出生在福井县本乡村，是一名负责建筑修补神社寺庙的木工之子，九岁时，被送到京都的相国寺塔头瑞春院当和尚。他清晨五点起床，扫地、准备膳食，清洗婴儿的尿布后才去上学，放学回来后，马上又要将婴儿背在背上，到庭院除草。

他十二岁时剃度出家，法号集英，在禅门立般若林（紫野中学）上课。他是一位有智慧又优秀的少年吧，才会被赐予集英这个法号，但由于无法忍受寺院生活，一年后就从瑞春院逃脱，原因是寺院的和尚没有帮他购买中学的制服，而是让他穿着小学时代的短裤上学，这点令他无法忍受。当时他是穿着短裤加上慢跑服逃亡的。

他被警察找到、接受辅导后，被安置在一间叫作玉龙庵的小庙，三个月后，又转往位于衣笠山的等持院，法号更改为承弁。十三岁的小和尚，从集英被改名为承弁，惩罚脱逃的意味浓厚。这名字汉字写成承弁，但读音同“小便”。

从十六岁到十八岁为止，他在等持院担任时为东福寺管长的尾关本孝老师之隐侍。所谓的隐侍，就是负责老师用膳、清洗衣物及打扫寺院的人。这个时期负责用膳的杂务，即担任典座的经验，在他往后四十年都派上用场。轻井泽时代的典座，就是自己料理的餐饮，而这些餐饮都被收录在副标题为“我的十二个月素斋”的《吃土的日子》（新潮文库）一书中。

一月用炭火炉烤慈菇，二月是网烤蜂斗菜花茎，苹果生菜色拉则出现在三月的项目中。四月穿着长靴到山谷溪流采水芹。山谷崩塌的岸边生长着嫁菜（Aster yomena），往山里走可以采到楤木芽、金合欢花、欧洲蕨[①]、茗荷竹、五叶木通蔓、艾草、荚果蕨。水芹、艾草拿来做蔬菜天妇罗，荚果蕨则是以盐水煮过拌芝麻，欧洲蕨则是去除苦味后再与油豆腐一起煮。

五月是海带芽竹笋汤，六月是梅干，七月是炖茄子跟白萝卜一夜渍，八月是芝麻豆腐，九月走在落叶松林里，摘紫丁香蘑菇做野菇炊饭。十月是红烧辣椒，十一月将落在庭院里的栗子放在炭火边以灰烬慢烤。轻井泽山庄的附近当时被称之为栗山，感觉就像是在栗子森林里盖房子，光是在庭院里，一年就可以收获两斗五升的栗子。

十二月是无名汤，将储藏在地下室的萝卜、芋头、马铃薯、葱、牛蒡、红萝卜等全都丢进锅里煮的汤。

① 外观跟吃法类似过猫。俗称过猫的过沟菜蕨，是一种蕨类植物。

京都特有的“京都生豆皮与海鲜冻”。

下大雪的夜里，在轻井泽的山庄会以无名汤当下酒的配菜，喝着日本酒。客人除了我之外，还有一位演员中村嘉葎雄，嘉葎雄在艺术座剧场上演的《越前竹人偶》中，扮演嘉助一角大获好评。水上勉（编辑同业们称他为小勉先生）则在书斋中写作。

喝完一升的日本酒，嘉葎雄与我扭打在一起，他喊着："蓄胡子的人不能信任""有种就到外面去！"这骚动惊扰了写作中的水上勉，他往外走出来怒斥："不要太过分！"明明是将近四十年前的事情至今我仍记忆犹新，因为嘉葎雄赤脚飞奔至雪中庭院，他在雪中的姿态如同时代剧电影般鲜明而美丽。

水上勉在《吃土的日子》中所做的料理多达五十道，并提及道元禅师"典座教训"、大德寺老师所云"不花钱的修行"等哲理，但此书另一个重心则是在父亲觉治或母亲阿管上。做木工的父亲觉治，胸前肌肉发达，手臂有如钢铁般坚硬。他是看着父亲觉治将土当归剥了皮蘸味噌吃而长大的。一名原木加工工人、木工，有着在山中将草木摘来食用的智慧。

"小时候的我对于父亲把这些东西拿去火烤后即可食用，强烈感觉到有些不对劲，不知为何，我明明是贫穷人家之子，却无法装作因此感到丢脸。"

"现在自己在轻井泽有了间房子，春天来临便有山蔬可以一饱口福，想到此，突然觉得我死去的父亲似乎在地底下跟我说些什么。"（《吃土的日子》）

他出生的若狭老家，位于一块被孟宗竹围绕，阳光被遮蔽的山阴之地。该地的地主是个吝啬的人，只是砍一棵竹子被他发现就会痛骂。当满地竹笋一起冒出头时，地主会马上过来挖竹笋，装满背上的篮子，临走前会拿一两支给母亲说："给你们孩子吃"，便转身回去。

"我生平第一次吃到的竹笋，记得母亲是混着海带芽还是昆布一起蒸。有竹笋饭可吃的日子，我们就会特别开心。由于是人家给的

少量食材，我们家多达五个孩子狼吞虎咽，很快地一餐就吃光了。”（《吃土的日子》）

水上文学的核心是饥饿。他是家里四男一女孩子中的次子，而做宫庙修筑的木工父亲不常在家。看着在贫穷生活中工作的母亲身影的同时，也被空腹感缠身，除了食物外，在精神上也有更深切的饥饿。这种与饥饿苦痛的作战升华为创作。在写作一休、良宽这些禅僧的作品时，他也深入追寻着“此人是如何过日子的”。虽然“如何过日子”指的是生计，但再进一步探讨，则可知是“吃”这个人类的本能了。

九岁被送去禅宗寺院当和尚，也是为了减少水上家的伙食费。这名成为和尚的少年，没有血缘关系的和尚就像是他的父亲教养着他，作为隐侍得从缺乏食材的情况中想办法做出菜来。

素斋即日文中的精进料理，“精进”这两个字的意思，可以解作领悟“萝卜、叶菜植物教导我们的事”。在山上、郊外摘取食材，试着与食材对话，明白这就是所谓的精进，不免感到惊恐。

开始做素斋的水上勉，五十六岁时写成《一休》（谷崎奖）、五十八岁有《寺泊》（川端奖）、六十四岁则是《良宽》（每日艺术奖），不断地写出杰作。

京都的上七轩位于他从前还是小和尚时上学的路线上。

“我记得中学时，会穿过这里一直走到大德寺，这是我上学的路线。边赶往学校的途中，在一大早的烟花巷上，还能边看着尚未洗去铅华的艺伎站在门口，可说是一种特别的趣味。”（《京都回忆画》）

他就读的禅门立般若林位于大德寺旁。经过的是烟花巷，整齐的屋檐外观相当美丽，玄关的格子门敞开，门上排列着以墨书写艺伎姓名的名牌，抓着中单领子的女子一出现，水上的少年心就被搅乱。

“万春”是间老茶馆，上一代的老板是很爱赶时髦的人，二楼除了有撞球室、舞厅外，也会请着白色礼服的舞伎登场，之后还开了京都第一间由艺伎主持的酒吧。昭和四十八年（1973），将二楼作为西餐厅。

被称作“佳代小姐”的老板伊藤佳代子小姐，她的弟弟（伊藤弘先生）担任厨师。伊藤弘先生在京都饭店学习料理后，制作京都特有的优雅西餐，一楼的酒吧也能够单点楼上的料理。

“酒吧的客人有千千万万种，有刚去泡澡回来的纺织行老板、店总管、大学教授、摄影师，或是像我这样流连忘返的作家。……而就算满座也不过十四、十五人吧。即便如此，看起来还是经营得下去，不会那么容易关门。原本以为来者都是为了扑向佳代子美貌的飞蛾，但其实并非如此，也可以看到认真来此谈生意的客人。”（《京都回忆画》）

平成元年（1989）七十岁时，水上勉因心肌梗塞而病倒。

七十二岁时，他由轻井泽搬至长野县北御牧村，我曾收到从北御牧村寄来，以蓝色钢笔写在稿纸上，内容非常长的一封信，是水上勉对我的小说殷切且用心的评论，在最后写着：“写评论还好，但写小说会早死，你就别再写小说了。”

那次我刚到他位于北御牧村的家，他便从冰箱中拿出罐装啤酒说：“来喝吧。”我担心地问：“心肌梗塞喝酒好吗？”他马上便说：“可以啦，喝吧！”再拿出事先做好的白萝卜一夜渍当作下酒菜。我要走时他还说了一声：“还要再来哦！”那是我与水上勉的最后一面。

京都的上七轩，就像小和尚时代，与成为人气小说家后的水上勉，他的过往与现在变成时间的拉门画，结合在一张拉门上。获颁直木奖的《雁之寺》当中的慈念，毫无疑问就是小和尚时代的少年水上。小和尚慈念，杀了和尚之后，撕破了寺院的拉门画，那门上画着“喂饵予雏雁”的母雁身影。

从“万春”端出的一盘苹果芹菜色拉，在冰凉而甘甜的味道之中，潜藏着水上勉的光荣与孤独。

“苹果芹菜色拉”。

万春著名料理“瓮煮炖牛肉”，上头的面包盖香气迷人。

水上勉（みずかみ · つとむ，1919—2004）

生于福井县。在当过和尚、代课教师后，于昭和二十三年（1948）以《平底锅之歌》出道。昭和三十六年（1961）以《雁之寺》获颁直木奖，并以《饥饿海峡》《越前竹偶》等作品成为流行作家。曾获颁菊池宽奖、古崎润一郎奖、每日艺术奖等许多奖项。晚年居住于长野，执笔的同时，也经常从事绘画、陶艺等活动。

池波正太郎与『资生堂Parlour』

“昨天，我去送票的途中，去了银座的资生堂。”

“那是什么？”

“西餐厅哦，英文叫作Parlour。”

“吃了什么东西？”

“哎呀，那可真叫人大开眼界！西红柿鸡肉炒饭竟然是装在银器里端出来。”

（《散步时总想吃点什么：银座・资生堂》）

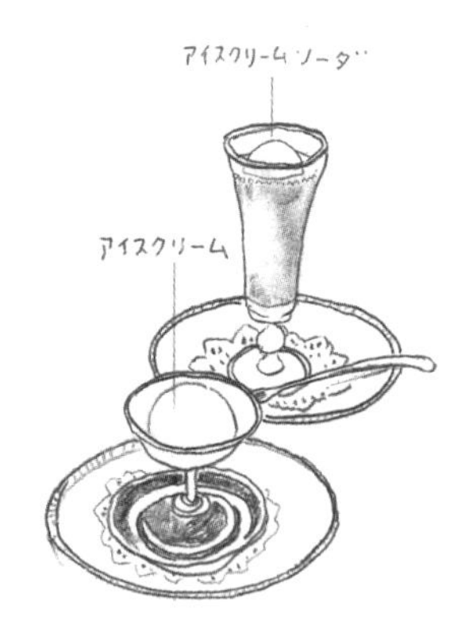

资生堂Parlour

东京都中央区银座8-8-3

东京银座资生堂大楼4、5楼

03-5537-6421

池波正太郎出生的大正十二年（1923）发生了关东大地震。其父亲富治郎当时担任日本桥布料盘商的总管。灾后，全家搬到琦玉县浦和，少年池波到六岁那年的一月为止都是在浦和度过。在这段时间，布料盘商倒闭，失业的父亲变得自暴自弃，耽于酒中，最后导致离婚。从六岁到二十一岁，少年池波都住在母亲位于浅草永住町的娘家。

他十二岁从下谷西町小学毕业后，在茅场町的证券交易所田崎商店工作，四个月便辞职，然后进入兜町的证券经纪商松岛商店。穿上深蓝斜纹哔叽布的高领服装，为了将股票送至客户手中，骑自行车前往各个公司。当时月薪虽是日币五元，但有些客人会打赏给跑腿的小侍，小费的收入是月薪的两倍、三倍。池波从小学时代就认识的朋友中，有位名唤井上留吉的少年。井上留吉在银座的资生堂看到西红柿鸡肉炒饭装在银器里端出来，忍不住对少年池波大叹："哎呀，真是让人大开眼界！"

池波与留吉虽然去吃过浅草的牛井摊、野松坂屋的食堂，但银座还是第一次去。西红柿鸡肉炒饭是日币七十钱。他与留吉两个人上资生堂用餐的当时，店里提供的菜色有：

法式清汤／蔬菜浓汤（皆为日币五十钱）

炸／奶油煎比目鱼（皆为日币六十钱）

炸／凉拌龙虾（皆为日币一元二十钱）

鸡肉可乐饼（日币七十钱）

牛排堡（日币六十钱）

吐司夹火烤牛排（日币一元）

资生堂是在明治五年（1872），设立于银座的西药局，后来转型为化妆品制造商的同时，也于明治三十五年（1902）引进汽水机，开始贩卖苏打水及冰淇淋，这就是资生堂Parlour的起源。该店在关东大地震中被烧毁，在历经临时店面后，昭和三年（1928）变成由前田健二设计的土黄色瓷砖，进行外墙装潢的建筑。

这栋建筑的中央贯通，二楼有着回廊的雅趣，楼梯下方的正面有大理石柜台。少年池波前去享用西红柿鸡肉炒饭的地点，就是这个时代的资生堂Parlour。一名月薪日币五元的少年上班族将小费一点一滴地存了下来，为了要价日币七十钱的西红柿鸡肉炒饭，朝着银座出发。

在资生堂Parlour里，有位比少年池波小一两岁，剃着平头的年轻侍者。穿着白色制服的年轻侍者，生涩地为他们点餐。第二次去的时候，年轻侍者推荐："要不要试试奶焗通心面？"第三次则建议："今天炸可乐饼很好吃哦。"

就这样池波与年轻侍者山田有了近三年的交情，某年的圣诞节当天，少年池波买了岩波文库的《长腿叔叔》，对山田说："给你的礼物！"便将书送给他。不愧是从事服务业的山田也马上说："我也有！"便将一包细长的包裹递了过去。池波在桌子下将礼物拆开一看，里头包着一瓶"除疱美颜水"。

这个故事令人动容。池波之后仅仅见过一次这位少年，山田身穿海军制服的身影便音信全无。兜町的少年上班族井上留吉也一样无音信，消失无踪。

昭和十六年（1941）十八岁时，太平洋战争开始，池波想到自己不久也会被征召，应当把握当下先享用美食，于是就在八重洲口的餐厅吃了炸牡蛎、咖喱饭并喝掉两瓶啤酒。

配菜色彩缤纷美丽的“香煎比目鱼”。

他先到西武线小平车站附近的国民劳动训练所接受训练，训练结束后成了军需工厂的车床工人，直到二十二岁时战争结束。他在浅草永住町的家也因美军的空袭而烧毁。二十三岁时成为东京都职员，工作内容为喷洒DDT。拜入长谷川伸门下成为剧作家，开始创作时代小说，是在他三十一岁时。

三十七岁时以小说《错乱》获颁直木奖。提到池波正太郎，便会联想到其作品中的人物，《鬼平犯科帐》中的鬼平，也就是长谷川平藏，还有《剑客生涯》的秋山小兵卫，《杀手·藤枝梅安》的梅安。不管在哪一个系列作品中，都大量出现江户料理。鳗鱼、柴鱼拌饭、炖虾蛄、军鸡、烩豆腐、蚬汤、味噌葱汤、荞麦面、猪肉火锅、鲷鱼生鱼片等，每一道菜的美味都不简单又具有古风。

在他二十岁时投稿至《妇人画报》的小说获选并获得奖金日币五十元，但至他出道成为专职小说家，却经历了相当长的岁月。在此之前的沉潜时期，他创作新京剧的剧本，自己也参与演出。与新京剧演员岛田正吾、辰巳柳太郎等人往来的同时，也在目黑税务事务所工作。

池波作品中一直存在着浓浓的庶民感，即使是历史上的英雄也能感受到“一碗味噌汤中，自然的充实或幸福”。不管是剑术多么高超的剑客，也有跟一般人一样的生活感，这一点很受读者青睐。

在时代小说中登场的料理，更让故事添加了味道。供应这些料理的店家，在《古早味》《散步时总想吃点什么》（皆为新潮文库）书中，写得非常详细。

连载作品《鬼平犯科帐》于《All读物》杂志开始连载，是在昭和四十年（1965）他四十四岁时。《剑客生涯》（《小说新潮》）与《杀手·藤枝梅安》（《小说现代》）则是从他四十九岁时开始连载。

池波正太郎在一道料理中看见小说，像是创作料理般地创作小说，在舌尖上建构出故事。美味固然是最重要的，但是料理人的手艺、态度或经验也不容忽视，料理店的地点与背景也是重要的评判点。他将自己比喻为时代小说的职人，与古早味相会时，小说题材瞬时之间便灵光乍现。

即使是再怎么高级的料理，若没有世间人情的故事，便无法勾起他的兴趣。无论是在甜汤屋、船场的什锦炊饭食堂，或是拉面店，他都会仔细观察店家老板，也会盯着客人的脸看。对店家来说，他是位有点麻烦的客人。

但也因为有这样四处观察的习惯，在池波料理散文中介绍的店家，才会高达百间以上吧。这些店现在大多仍在，想吃随时可去，但实际上，料理的人大多已换过了。料理会因与味道相关的事物而产生变化。食用者的健康状态、享用的时间、与谁一起吃等，依据这些状况的不同，味道也会跟着改变。

不论是追捕小偷的鬼平所吃的荞麦面，梅安杀人后必吃的火锅料理，还是秋山小兵卫囫囵吞下的乌龙面，在此都充满了小说场景中的气氛。因此只要那场景一出现，立即会联想起那道料理的味道。《剑客生涯》的小兵卫，是个矮小瘦弱的六十岁老人，据说池波是以在京都旧书店遇到的歌舞伎演员中村又五郎为原型。说他戴着黑色绅士帽，穿着深色外套，找寻着旧书的身影，看起来就像是京都大学的教授。他采用舞台下又五郎的个人形象，创造出秋山小兵卫这名老剑客。在日常散步的途中，不经意地遇到了剑客的原型，构思出这部小说。

这样敏锐的感知力，是从他在浅草永住町度过的少年时代开始的。独自抚养少年池波的母亲，虽然再婚又离开原生家庭，但被祖父抚养长大的池波仍受到相当多的疼爱。夏天到了，他会将从大森海岸送至当地贩卖的螃蟹煮过后再炸，家人一起围坐一起大快朵颐，冬天在路边买烤番薯来吃。这样的日子没过多久，母亲又再度离婚，带着新生的小婴儿回来。

在浅草的住宅区，少年池波在周围人们的善意帮助下自由自在地成长，养成他强烈的食欲，以及非常旺盛的好奇心。资生堂Parlour是在森鸥外的小说《流行》、谷崎润一郎的小说《金与银》、太宰治的小说《正义与微笑》、川端康成的小说《东京人》等书中登场的高级沙龙。昭和二年（1927）岸田刘生画了一张“资生堂Parlour图”。少年池波毫不畏惧地前往了这样的名店，十三岁时就成了名美食刺客。

两层楼木造的资生堂Parlour，在昭和三十七年（1962）改建为钢筋混凝土的九层楼建筑。池波正太郎带我去的时候，资生堂Parlour位于地下一楼及三楼，八楼则开了间高级法国料理店“L’Osier”。

L’Osier是供应正统法国料理的高级餐厅，除了黑色的围裙看上去特别正式外，还有专业的侍酒师会拿着酒单问你要点什么酒。看不懂法文的我，几乎不会去L’Osier。(《散步时总想吃点什么》)，基于这样的理由，他特别喜欢资生堂Parlour。

池波正太郎喜爱的，是与战前一样完全没有改变，高石锳之助厨师时代的西餐。这里让他怀想起了老友井上留吉以及年轻侍者山田，西红柿鸡肉炒饭与可乐饼之上，迭着他少年时代的温暖回忆。

资生堂Parlour在平成十三年（2001）进行全面改装，在餐厅四、五楼的部分，过往中庭挑高的开放空间再次重现。第三代料理总长高石锳之助的菜单继承到木村伸也之手，并多加上一点巧思，成为目前的新开发菜色。

银座的光线会从现在四、五楼餐厅照射进来，有空中庭园的雅趣。四面是明亮的乳白色墙壁搭上白色蕾丝的窗帘及绣上资生堂标志的纯白桌巾，气氛高雅。桌上则插着反映四季更迭的花朵。

那次我们与池波正太郎一起在这里用餐，四个人喝着黑啤酒，分食着单点的西红柿鸡肉炒饭、可乐饼、蛋包饭。侍者发现我们像是一家人在吃晚餐的形式享用西餐，体贴地拿上小盘子让我们分菜取用，后来上的蛋包饭甚至事先分成用餐人数的份数后才端上桌，真不愧是

招牌的“蛋包饭”。

以银色前菜盘盛装的“西红柿鸡肉炒饭”。

受池波正太郎青睐的西餐厅。

池波正太郎（いけなみ·しょうたろう，1923—1990）

生于东京浅草，小学毕业后便马上至证券经纪商工作，之后接受海军征召。战后一边做着公务员的工作，一边创作新京剧剧团的戏曲。昭和三十五年（1960）以《错乱》获颁直木奖，之后以《鬼平犯科帐》《剑客生涯》《杀手·藤枝梅安》等系列作品成为国民作家，著有相当多与电影或美食相关的作品。

远藤周作与『重吉』

原宿的“重吉”是间内行人才知道的美味日式料理店。

（中略）

开店当时，我觉得并不是那么好吃，就一直没有再去，经过四五年，当我再次造访，味道非常美味，令人怀疑是否已经换了一家店。从此以后，我便经常前往那里。

（《最后的花钟·远藤food》）

重吉
东京都涉谷区神宫前6-35-3 1F
03-3400-4044

远藤周作与狐狸庵先生乍看下完全是不同的人。狐狸庵是位幽默十足的普通人，像个会穿着轻便裤躺在走廊上，总是碎碎念的隐居老者。

远藤周作又是会令人感到紧张的文学家，他不断创作着悲惨至极的人间悲剧，大多是残酷的宗教性寓言，及深刻诘问人存在之原罪的小说，这正反的两极统合成远藤周作这位小说家，在小说（虚构故事）写作上使用本名，在随笔里则以雅号狐狸庵自称。虽然也有作家会将笔名与本名分开使用，但他的用法却是与人相反。

曾留学法国里昂大学的远藤周作，昭和三十年（1955）三十二岁时以《白色的人》获颁芥川奖。他是个精通法文，身材高挑，很适合穿白麻布西装的小说家。《白色的人》是一部将焦点摆在纳粹拷问，在人性根源中寻找上帝的小说。

两年后发表的《海与毒药》，内容描述九州岛大学医院将美军俘虏活体解剖，并食用其肝脏，极具冲击性，是一部以实际发生的事件为启发的远藤版《罪与罚》。在一开始的时候，远藤周作是以写沉重深刻的小说的形象出道。

过了四十岁，大约是在创作《沉默》时，逍遥自在而令人愉快的狐狸庵先生登场。狐狸庵是个散漫、悠哉，虽称不上是美食家，却是以吃为兴趣的人。他喜欢的食物有竹笋、樱桃、蚕豆、山当归、味噌烤豆腐、今川烧、油豆腐、红豆面包、蜜芋头。在庭院中伸展着大大叶子的紫玉兰树下摆张桌子，吃着土当归或蚕豆配啤酒。喜欢的酒是烈酒菊正宗。他的少年时代在阪神度过，从就读滩中学（现在的滩高中）时开始，“菊正宗”这三个字就已深入脑海中，且爱的不是瓶装，得是木桶香渗入其中的菊正宗才行。

狐狸庵先生的庭院中可以采得到笔头菜，有次北杜夫还特地前来摘采，赞不绝口地说:“好吃、好吃。”

狐狸庵先生有次因急性胃炎而卧病在床，将子规的《病床六尺》放在枕边随手阅读，读到有段文字形容“将炙烧鲣鱼放在刚煮好的白饭一起入口”，他忍不住口中生涎。病一好，马上如法炮制，发现并没有想象中的美味。原来勾起他非得到不可的并非是对炙烧鲣鱼的欲望，而是子规的文章。

随笔中他提到“偷吃馒头的少年时代”，那是他在大连时代的记忆。少年狐狸庵的四岁到十岁是在中国大连度过的。有一天，他想吃热腾腾的馒头，但是没有钱，因此他拿走母亲的银饰，以五十钱卖掉，以这笔钱买了馒头吃，剩下的钱埋在庭院一角，每天从这里挖出一些钱买东西吃。他如此述怀:“罪恶的心情，热腾腾的馒头，让我感受到难以形容的滋味。”

在涉谷远离闹区的街道上，有间木造两层楼建筑的日本料理店，面对狭隘的小路，悬挂着灰色门帘。远藤在这间店里边吃着猪肉包子（饺子），边看着黄昏的天空，回想起大连。

东京的法国料理店，他几乎都不认同。走进店里，拿到菜单一看，那些“里昂风蛋包饭”“勃根第风炖饭”，根本是不知所云。虽然菜单是用法语写成的，但文字表现却是乱七八糟，令他十分生气。

因为有留学里昂大学的经验，所以看穿了日本法国料理的怪象。

虽然是位难以应付的客人，但他却从不因此而自大。有个他时隔八年再次前往里昂的故事（《兔亭汤的滋味》）。他乘着火车来到里昂，推开了学生时代经常前往的“兔亭”这家三流餐厅的门。他想要再喝一次从前贫穷学生时期曾经喝过的洋葱汤。“胖胖的夫人或许还记得我，一定会惊讶地尖叫着来迎接我吧。”他的内心充满了期待。但店已经交由下一代经营，洋葱汤的香料味道没有被带出来，变难喝了。

“前菜四品”酒蒸鲍鱼、豆渣拌竹荚鱼、蒸海胆佐百合根、红糟凉拌白瓜。

在那份失落感之中，感受到这世上的无常。

狐狸庵先生创作的料理谭里，总有些故事在其中。比方说他无法忘怀的滋味是“小朋友早上前来贩卖的纳豆”。在战后没多久，会有个小男孩四处贩卖纳豆。或许是那小男孩家里需要他出来工作吧，“当时的纳豆丝可以拉得很长，非常美味。”又比如他在原宿遇见穿着牛仔裤，推着摊子卖甜不辣的年轻夫妇。看到围着围裙的母亲身旁，小孩子安静地在玩耍，小说家的幻想便一个捋一个地浮现出来。

他无法忘记中学时代，回家的路上有间脏脏的店里，一名妇人穿着一件不甚干净的围裙，在铁板上倒进面糊，再用刷子蘸上酱汁，滋滋作响地烤好一钱烧（什锦烧）。

在油蝉的鸣叫中，穿着连身裙的妇人卖着冰冻草莓。芦苇门帘内的长凳上，上半身赤裸的工人正在午睡，狐狸庵少年已经以小说家的眼光观察着这一切。

狐狸庵先生的料理故事，来自于随心所欲地自在观察之眼，这与远藤周作能写出深刻小说并非毫无关系。

《海与毒药》是探询人类原罪的小说，里头出现了些许的番薯或大豆、中年妇女手中破缺的铝碗、药用葡萄糖、配给而来如石头般坚硬的饼干、从厨房飘来的鱼油与腌萝卜干的味道、棒冰、杂烩粥，等等。

《沉默》则是一个受到严刑拷问，最终背叛信仰的葡萄牙祭司的故事。它深刻地描绘降临在教徒身上的迫害、拷问情形。官员给传教士一天两次的食物，但这是为“穴吊之刑”准备，为的是要在传教士的心松懈时，突然加以拷问。

登场的食物有麦、芋头、萝卜、草木的根、小黄瓜、鱼干、长虫（蛇）。两三天前煮的南瓜已发臭，引来一群苍蝇。祭司狼吞虎咽地吃着已腐烂的南瓜。还让他吃在盂兰盆节人们放流在河里，与芋根、茄子一起祭祀用的供品。传教士遭受拷问时，脑满肠肥的官员正悠闲地喝着汤。

远藤周作的悲惨小说里，对食物的描写场景特别突出。贫穷的食物与他中国东北时代的记忆重叠在一起。对于同样的料理，依据观点的不同，会产生正反面的价值。

狐狸庵先生喜欢的食物之一是盛夏时喝的麦茶。他还记得当盛夏前往京都落柿舍时，喉咙的干渴程度。柿子的绿叶阴影落在敞开的屋子，有位老婆婆正拿针在工作，她将竹子剖开后的竹筒拿到他面前。

"麦茶通过喉咙时像是要将人麻痹般的冰凉，那茶水在竹筒里装得满满的，甘美的味道我到今天仍未忘记。"（《盛夏的麦茶》）

读了这一段后，瞬时间浮现于我脑海的是小说《沉默》中，要不到水喝的神父这个场景。逍遥自在的狐狸庵先生与沉重的远藤周作于此交错。狐狸庵先生有着无法随便应付的敏锐舌头，正伏着身幻想小说的场景。

有点不太容易取悦的狐狸庵先生一直都喜爱的店家就是"重吉"。

"在想吃和食的夜晚，这几年我都会前往表参道的《重吉》。这间店位于原宿Co-op Olympia的一楼，一不留神就会走过而不自知，但是在喜爱美食的人之间，被称作是内行人才知道的店。老板佐藤先生非常地专注于研究，（中略）店内的料理有许多也是老板的独创菜色，而这些菜同样相当美味。"（《书斋三四事、喜爱之店三四事》）

我还在当编辑时，狐狸庵先生曾带我去，还跟我说："重吉是家很厉害的店哦"，那已是超过三十年前的事了。

当时，狐狸庵先生所点的是炸沙丁鱼。新鲜的沙丁鱼内脏相当美味，带着淡淡甜味的鱼肝，啾地渗入喉咙中。四样下酒菜（酒蒸鲍鱼、豆渣凉拌竹荚鱼、蒸海胆佐百合根、红糟凉拌白瓜）每一道都很对狐狸庵先生的胃口。

老板佐藤宪三先生，是昭和十九年（1944）出生于东京青山的纯正东京人。他在立教大学读书时是一名举重选手。在名古屋的料理店进修后，于昭和四十七年（1972）开店。熟客都叫他“阿健”。

狐狸庵先生很欣赏阿健的手艺与人品，带着他走遍长崎或大分等地的名店，教导他各地的味道，阿健的手艺也更上层楼。这间店的特色是会使用茄子、白萝卜、沙丁鱼这些日本传统食材。“重吉”的原创料理中，有道“银杏炸什锦丼”，萝卜煮鲕鱼也是“重吉”的名菜。

向田邦子小姐曾问狐狸庵先生：“哪里有好吃的店？”于是带她去了趟“重吉”，吃了蛤蜊及盐渍沙丁鱼。向田小姐从此喜欢上这间店，尔后便一周一次出现在店内。向田小姐在昭和五十六年（1981）八月于中国台湾的飞机空难中过世，出发前往台湾的前一天晚上，她来了趟“重吉”，回家时把伞忘在这里。

远藤周作在平成六年（1994）一月一日《读卖新闻》里这么写道：“他那把也可以称作是遗物的伞，放在那间店里一阵子。某一天，我对向田小姐相当疼爱的某位女演员提到这件事后，那位女演员说：‘那把伞可以给我吗？’之后那把伞就变成这位女演员的所有物了。”

接下来他这么结尾：“今年我也享用了这间熟识店家的年菜料理。跟儿子媳妇一块儿来到这里，面前摆了重箱装的年菜、饮酒。我也已经迈入古稀之年了。”

在这之后两年，远藤周作便去世了。

远藤爱吃的“炸沙丁鱼”。

“百香果果冻”。

远藤周作（えんどう·しょうさく，1923—1996）

生于东京。应庆义塾大学文学部法文系毕业。昭和二十五年（1950），以战后最初的留学生身份前往法国。归国后，于昭和三十年（1955）以《白色之人》获颁芥川奖，昭和三十三年（1958）以《海与毒药》获颁每日出版文化奖。在发表《沉默》《死海之上》《侍》《深河》等发人深思的厚重小说同时，自称“狐狸庵”的轻妙随笔也获得广大读者的支持。

吉行淳之介与『庆乐』

明明没有事先说好，却有四个人陆陆续续聚集到了我的房间。主要是工作上往来的人，他们之间也有彼此都不认识的。

这种时候，会想去能够尽量放松的地方，脑海里就会浮现这家店。

（《庆祝庆贺大饭店》）

庆乐

东京都千代田区有乐町1-2-8

03-3580-1948

吉行淳之介写了许多料理随笔，但是每一篇的旨趣都不单纯。比方说，买了一只鰤鱼，他会先看着那鱼的脸，认真思考一只鱼究竟要长得怎样才比较好吃。他觉得鱼脸若是长得高雅味道会比较好，但若长得过分端正的话是否还是好吃呢？他这样怀疑。

原本以为会好吃，但尝过之后却觉的是令人感到不舒服的料理（如卤鲨鱼肉），他就会“像是掉进陷阱般，极度不愉快”。

战后两年间，人们都得去外食券食堂，当时的食粮为配给制。明太鱼切片像是浸了水般湿泞，“难吃到令人不好意思。”在当时，还会配给一种称为冠水芋的食物，是从浸水的田地中摘取的芋类，如果是现在，应该是要丢弃的东西，“像橡皮一样难吃得要死”。这两样食物，被他断定为难吃排名的东西横纲。他讨厌牛角蛤，也讨厌象拔蚌，腌鲱鱼也不爱吃。他憎恨大量饲育的肉鸡，只要一吃天妇罗气喘就会发作。谈论着偏食的味觉，混淆着读者的视听。

他曾经前往京都有名的鳖料理店D，食物虽好，但有两点不讨他欢心。一是擦手的毛巾飘散着强烈的廉价香水味，二是上了与室温差不多半冷不热，又甜到不行的绿茶。他和缓而强烈地批评，对料理店来说是最不能够轻忽的客人。

战争刚结束时，他从大学回到宿舍的途中，临时就顺道前往友人家。友人有位漂亮的妹妹。他没有从玄关进门，而是绕到有草坪的庭院，友人漂亮的妹妹正要打开鲑鱼罐头，纯白的米饭从饭桶中冒出热腾腾的烟，鲑鱼的浅桃色与米饭的白色彩夺目，看上去是多大的奢华。当天他的午餐只吃了酱油炒一把大豆而已。友人家中的主妇也邀请他“你还没有吃饭吧，一起来吃啊。”

“不了，我刚刚吃完饭才过来的。”

他假装这么说着，然后坐在缘廊上等他们用餐结束。他没有忽略主妇声音之后潜藏着公式般客套的冷淡。在等待的同时，他渐渐觉得自己在晚餐时段来访的行径非常低劣，后来受不了自我谴责便小跑离开友人的家。这件事情永远残留在他的记忆中，每当思及此事，他便觉得“到现在仍会讨厌自己，讨厌这世界，然后就会很想睡。”

羞耻与欲望在记忆的角落里膨胀，形成了红痣，并纠结着男女的微妙心理。

走在街上，突然想吃咖喱面，正准备进入一间平价荞麦面店时，看到展示窗内是蜡制的食物模型，心想还是别吃了。那店才刚开始营业而已，一位三十五岁左右的女性进到店内。吉行还是很想吃咖喱面，于是跟随着那名女子进入店内。女服务员前来点餐，那女子毫不犹豫地说：“我要咖喱面。”“好的，咖喱面没错吧？”女服务员重复念了一次。那么，我要点什么呢？如果不想被认为是在模仿别人，改点凉面，不点咖喱面也是可以，但想吃咖喱面的心情难以改变，所以虽然在意那名女客人，仍向店员点了咖喱面。

只是这么一个小事件，却让他感受到心中的小小纠葛，于是妄想起“以咖喱面为起点的恋爱小说”。羞耻的变貌可真是不简单，咖喱面摇身一变成为擦身而过的恋情。

有一次吉行出席派对，负责接待的女子问他：“要不要帮你端些食物来？”吉行摇摇头。那女子不死心，继续对吉行说：“还是吃水果？”但吉行说：“水果很贵，不用了。”他虽然是开玩笑，但在这里也联结着在酒店里，只要出现水果盘，账单就会记上一笔昂贵价钱的记忆。他是如此过度敏感，并断言：“男人若不懂得（料理的）味道，便写不出好文章；女人，则是在床上的表现不怎么样。”他刻意用夸张的表述法直捣核心。

吉行有一部叫作《庆祝庆贺大饭店》（《文艺》昭和五十三年一

少见的“荞麦下水汤面”。

月号）的作品。内容是描写一间价廉物美的中国料理店，“要是要鸡蛋里挑骨头的话，就是店内稍微有点杂乱”，墙壁油腻腻的。

店里有两位女服务生，态度差到令人害怕，绑成一手的啤酒当啷一声放到桌上，一脸生气地离开；要是你漫不经心地看着菜单，女侍就会催促说：“这位老伯想吃什么啊，快点决定吧。”点了猪脚，配着老酒慢慢享受时，她们会说：“你们，还要喝啊？”真是令人哑口无言。

去了三四次后，与女侍慢慢混熟了。有次我们有三人一起去光顾，我点了道鱼翅料理，她一脸认真地询问：“要吃这个吗？很贵哦，要三千元。”我说贵也没有关系，她马上便低声地说：“可是，我跟你说，不怎么好吃哦。”为了顾她的面子，只得取消这道菜。

态度不佳的两位女侍不知何时辞职了，但我已经跟这间店很熟了。

最近，有一位年轻女生来这里上班，她的态度一样不好，且十分粗鲁，好好的一盘炒面，像用丢似的放在桌上。观察之下发现，不管哪一桌她都是这个样子，所以应该是没有恶意，她似乎觉得这样的动作是理所当然的。我又得重新和她打好关系。

故事就这样结束，这就是吉行的风格。关于店名，他虽然说“当然是假名，也不会写出该店的地点”，但这间店就是日比谷的“庆乐”。吉行都在饭店里写作，《沙上的植物群》这篇主要是在神田骏河台山之上饭店写的，昭和四十八年（1973）以后则都在帝国饭店。

昭和五十三年（1978）在帝国饭店住宿时的日记“旅馆生活时的一周”里，曾经写到他在有乐町旁的游乐中心游玩，之后到中国料理店“庆乐”，点了道小松菜与牛肉炒面。

庆乐在有乐町的国铁高架线旁开业，是在昭和二十五年（1950），第一代老板区乡亮来自中国广东省顺德（广州与香港的中间），顺德出了许多料理人，以便宜又美味的中国料理店而广为人知，我也是自昭和四十年（1965）左右开始时常去光顾。

现在的第二代老板区传顺，因为憧憬日本剧场的西部嘉年华而成为音乐家，那是平尾昌晃、山下敬二郎、米基·柯斯堤（Mickey Curtis）等人活跃的时代。三十一岁回来继承父业成为第二代老板，他的女儿区丽情则是歌手。

开高健非常喜爱这间店的卤下水及蒸鱼。井上厦喜欢下水荞麦汤面。上汤炒饭（一千元）是现在最受欢迎的一道餐点。

吉行淳之介一往情深地喜欢他们家的"蚝油牛肉炒面"，这是将牛肉、青葱、木耳、生菜以蚝油炒过后淋在面上的料理。加上生菜是第一代老板的巧思。吉行在附近打小钢珠，换到的赠品巧克力，会拿去店里对女侍们说"来，这个给你们"，然后一一发送。

区先生所做的基本料理有一百九十五种，再加上运用当令时蔬、鱼类做的菜，则能达到五百种以上，吉行喜爱的猪脚也是这间店的名菜。在"庆祝庆贺大饭店"里曾发生这样的趣事。吉行向女侍询问："猪脚与腰子，哪一个比较好吃？"之后，女侍回答："每个人都各有所好嘛！"他马上又问："如果是你的话，会点哪一道？"女侍便回答："嗯，猪脚。"庆乐的菜，有广东料理特有的混沌威力。

吉行的父亲是新兴艺术派的畅销作家吉行荣助，昭和十五年（1940）去世，吉行由担任美容师的母亲安久利独力抚养；他的妹妹是女演员吉行和子以及芥川奖作家吉行理惠。安久利经营的美容院位于由市之谷车站前往四番町的坡道上，在我通勤的路上，我总是不敢正视，在远处眺望着宛若魔法之馆般的安久利美容院。

吉行淳之介是在银座俱乐部的小姐之间最有人气的小说家，他与宫城真理子的恋情成为人们的话题焦点，是文坛贵公子，但他的作风却是一种在封闭狭隘的场所里的人心格斗。即便描写娼妇的世界，也着重于男女之间的差别所造成的不协调感，极致性别倒错、背德，最后成为通往悲伤黑暗的颂歌。一般将他视为性风俗作家，但他着重于探求性爱根源的执拗精神，以及意志无法突破的性爱魔力。

他虽然在学生动员[①]中参与征召，但却因为气喘而被遣回，二十五岁到三十岁间由于罹患肺部疾病，在清濑的疗养所度过了一段住院生活，以在该地创作的《骤雨》获颁芥川奖，确立了作家的地位。

体弱多病而感性丰富的青年，当过杂志编辑，一成为作家，就变成了无赖之徒。关在饭店里完成周刊、小说杂志的连载，一睡就是四个小时。参与对谈、上电视、广播节目，吃吃庆乐的炒面，出没在银座的俱乐部。喜欢挖苦别人，身材高挑、长相俊美，胆大心细。

二十多岁时由于体弱多病，失去了对于食物的兴趣。一康复就像着了魔般，享尽各式各样的料理。在法国料理店硬是要点菜单上没有的牛井，咕咾肉只能有一点点甜味，过年要吃的乌龙面（面条不是又粗又短，而是又粗又长），肉铺卖的淋上伍斯特酱的可乐饼（不能用猪排酱），曾入监两年的黑道大哥给他的，以稻草包覆的纳豆，色情咖啡厅的咖啡，古早味拉面，小时候感冒时喝的汽水……这些都在他的舌尖上发生故事。享用的不只是料理，还有围绕在用餐时刻种种事件的况味。

在庆乐认识的中国女侍即是一个例子，稍加批评，但其实是在赞美，这正是吉行淳之介独有的优雅绝技，毕竟只写着食物如何美味是不够的。庆乐现在已经不是从前的那间“墙上四处都油腻腻”的店，它变成一栋四层楼建筑，干净明亮的大楼，厨房在四楼。庆乐的广东料理变化自由，在传统的古早味里又再加入一层新的风味。

---

① “二战”时期，日本政府征调中学以上学生参与军需、食粮之生产的招集活动。

吉行每去必点的“蚝油牛肉炒面”。

“卤猪脚”（上）与“黑醋卤猪脚”（下）。

吉行淳之介（よしゆき·じゅんのすけ，1924—1994）

生于冈山市。东京大学英文系肄业。昭和二十九年以《骤雨》获颁芥川奖。曾出版《原色之街》《沙上的植物群》《暗室》（谷崎润一郎奖）《直到黄昏》等作品。主旨都在透过性爱，逼视人类之生为何。另外，也以洗练的随笔名家身份广为人知。

三岛由纪夫与『末原』

从去年秋天开始健身以来，每隔一天就会有强烈的空腹感来袭。这个时候，在前往料理店前，我会边吞着口水，边想象菜单上各式各样的菜，直到满足。

（《我的不专业美食记》）

茄子のそぼろあんかけ

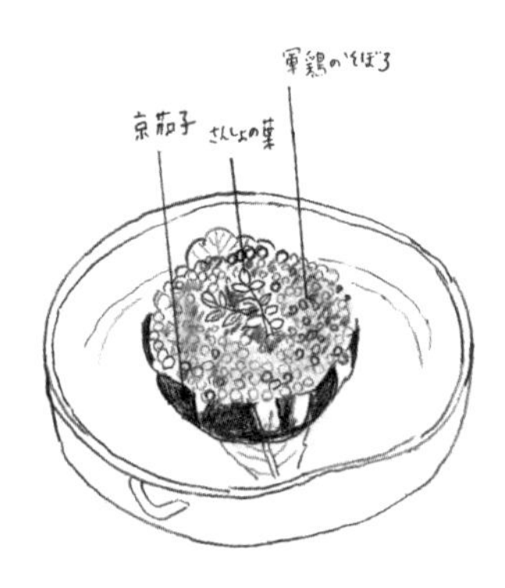

末原
东京都港区新桥2-15-7
S PLAZA弥生大厦1F
03-3591-6214

三岛由纪夫，也就是平冈公威，在昭和四十五年十一月二十五日，于陆上自卫队市之谷驻扎地促请自卫队起义未果，最终在东部总监室切腹自杀。四十五岁人气作家的冲击性的死亡震惊社会。

在前一天晚上，三岛带着自己所领导的“楯之会”四名队员，吃了最后的晚餐。那是位于新桥车站前的鸡肉烹饪料理店“末原”。“末原”为明治四十二年（1909）创业的鸡肉料理店，也是深受原敬首相、第六代菊五郎[①]喜爱的老店。当时是一间店面有九间宽[②]，以黑墙构成的专业料理店。现在则改建成大楼，但还使用原本店铺木材。

店旁是乌森神社，这一带有许多串烧店，每到黄昏，烤鸡肉的香味便会笼罩此地，上班族下班后会来此喝一杯的繁华地区。

而当中的“末原”是使用高级鸡肉与鸭肉，老实经营的料理店，至今也有仰慕三岛的文学青年来此朝圣。三岛一行人点的是吃了生鸡肉片、鸭排后，接着会上鸡肉火锅的套餐。“末原”是一间在创业该年便登上“东京美食家排名”前几名的知名料理店。鸡肉火锅里除了放入放养土鸡鸡肉外，还有军鸡腿肉、特制鸡肉丸、鸭里脊肉，再加上鸡肝、鸡心、鸡肫等内脏类，为起义队带来高级的精力。

三岛就读学习院初等科时，是个对运动完全不擅长的虚弱儿童，由于身体太过于羸弱，二年级时的江之岛远足，他也因此不能参与。他也是一个看了《一千零一夜》插画后，产生各式幻想的文学少年。

---

① 歌舞伎名角。
② 一间约一点八一米。

十五岁时为自己取了笔名青城散人，也是来自自己苍白的脸色。

三岛的母亲倭文重娘家有着汉学学者的家世，倭文重的父亲曾担任开成中学校长。倭文重十分擅长料理，曾经重现京都瓢亭、星冈茶寮的菜单，献给家人们。

三岛回想道："如果不说母亲的料理'好吃'的话，后果相当恐怖，所以我总是一直说：'好吃、好吃，好吃到我的下巴都快掉下来了'，然后不断地吃，但一端上鲷鱼昆布卷，我竟说出'会牵丝耶，是不是酸掉啦'之类的话。"（《母亲的料理》）

只要用功一下，便有好成绩，但身体却瘦弱得像根豆芽菜似的。

他以第一名的成绩从学习院高等科毕业，顺利地考上东京帝国大学法学系。昭和二十年（1945）二十岁时（三岛的年龄与昭和年号相同）时接受征兵的体检，被军医误诊为右肺浸润后即当天发返。虽然是误诊，但脸色苍白的虚弱青年还是不适合军队。

但当时三岛以本名平冈公威写下遗书，已做好要赴死的心理准备，连遗书也已经写好，但却是"当天发返"，这耻辱一辈子都跟着三岛。二十二岁时他到大藏省银行局工作，九个月后即离职。

他以《假面的告白》确立作家的地位，二十六岁时，以《朝日新闻》特派员的身份环游世界一周，途经美国、巴西，在希腊受到阿波罗完美肉体的启发，创作《阿波罗之杯》，并开始加强体魄，比起内在更重视肉体的外在层面，这样的观念在《潮骚》（二十九岁）中开花结果。

他开始健身是在三十岁的时候。

标榜"文学的美食家"，认为"美食的本能完全偏向文学，只会对如同丰肴佳馔般的绚烂华丽作品感到魅力。"（《我的不专业美食记》），但自从开始健身后，这种观念的累积因与肉体产生纠葛而开始崩解。

在《纽约餐厅指南》（1958）中，曾介绍位于五十二街的公园大道与莱辛顿大道之间，一间叫作Al Schacht的店，以及华尔道夫一阿

以三种绞肉做成的可乐饼是末原的名菜。

斯托里亚酒店里的Peacock Alley，这两家“烤牛肉好吃得令人感动”的店家。

“回到日本后虽然也吃过两三次好吃的烤牛肉，但日本多是英式的干烤牛肉，口感是牛排常有的硬度，但纽约吃到的烤牛肉，是菜单上标写着‘Prime Rib of Beef au Jus’的餐点，浸在特殊半透明大量肉汁里的大块厚切牛排，切下后一放入口中，像是要融化般的柔软”。

历经五个月的海外旅行归国之后，长时间只吃异国料理的反动，促使他产生了每个星期一定要在市中心吃上两三次美食的强迫观念。

东京会馆的普诺尼（比目鱼炖饭）、并木通的阿拉斯加（蜗牛）、艾琳的匈牙利（红椒鸡肉）、霞町的莱因（腌制德国猪脚）、东华园、滨作第二厨房、江安餐室、乔治、天一、秃天、日活国际会馆（鸡尾酒虾）、乌森的末原、田村町的中华饭店、西银座的花之木，这些是三十一岁的三岛所推荐的店家。

“从去年秋天开始健身以来，每隔一天就会有强烈的空腹感来袭。这个时候，在前往料理店前，我会边吞着口水，边想象菜单上各式各样的菜，直到满足。”（《我的不专业美食记》）

以健身进行肉体改造的三岛，由于川端康成的媒妁而与画家杉山宁的长女瑶子结婚，并开始学习剑道，在大田区马込建造维多利亚时代殖民地风格的白墙新居。客厅、接待室、书斋、家具、日常用品等所有东西都依据三岛的喜好统一风格，排除和风的元素。三岛发表了《忧国》（三十六岁）、戏曲《萨德侯爵夫人》（四十岁）后，成为诺贝尔文学奖的候选人。

四十二岁，他精力充沛，进入自卫队体验自卫队生活，来年创立祖国防卫队，该组织后来发展为“楯之会”。同年发表《文化防卫论》，在自杀的前一年出席了因为大学纷争而陷入混乱的东京大学全学共斗会议讨论会。

我最后一次见到三岛就是在这一年。三岛在后乐园健身房不断地举着杠铃。大约举了三十下，他的肌肉砰地胀大，胸部就像水注入热水袋里一样，越来越膨胀。

三岛说：“我今天早上吃了四百克的牛排之后才过来。”三岛体型矮小，身高仅有约一百五十八厘米。据说他为了利用健身练出肌肉，会先吃饱后才前来。举起杠铃前的三岛，虽然身体健壮，但也只是普通的体型，并不是在《潮骚》中登场的海男新治那种“自然生成的完美肉体”，而是“被以人工方式练成，危险的虚构肉体”，让人感觉三岛文学的核心似乎就寄寓于此。

三岛曾经这么写过：“我并不是什么美食家。”“只享用美食的人，例如罗马《特里马乔的飨宴》中的主人公，都是颓废的人。”（《关于美食》）

此外，他也这么说过：“自卫队的伙食一天为三餐二百六十元；马克西姆餐厅则为一餐一万元，以价格来看两者相差大约是一百倍，但是马克西姆就会比较好吃一百倍吗？这么说来也并非如此。在自卫队里，自卫队的伙食有它应有的美味，而马克西姆的料理有它应有的美味，就是如此而已。能够觉得每个用餐的场合每道料理都非常美味，是因为我的胃很健康，除此之外并没有其他的理由。”

三岛相当自豪，不管是埃及的鸽子、希腊的慕沙卡（Moussaka）[①]、巴西的黑豆饭（猪肉切碎与大豆拌在一起炖）、寮国的树叶色拉，这些菜他都会吃，甚至在自卫队时，还自己料理蛇与蟾蜍来吃。正因为有健康的身体，才有办法自杀。原本是有厌食症倾向、体质虚弱的少年，照表操课地食用了各式各样的料理。

集“矫饰与纯粹”于一身，异于常人地善于视情况而适时地使用“虚伪与真实”。他是位不惜一切拼了命努力的老实人，但他却不喜

① 茄子、肉酱、马铃薯等原料，加上奶酪焗烤的一道菜。

欢人家这样说他，因此憧憬堕落。一边赞扬偷情的女子，一边阐明日本人精神论，才刚见他在录制流行歌，没多久竟然进入自卫队体验自卫队生活。往来于“矫饰与纯粹”“堕落与克己”，赌上整个人生的成果，就是三岛的文学。

三岛在希腊所受到启发的，不仅仅是阿波罗的完美肉体，还有飨宴。三岛曾言道：“人类生活中最重要的事情是战争，还有宴会。”（《美食与文学》）希腊的叙事诗里满是对战争与飨宴的叙述。“所有人生中会发生的事情，都在飨宴中升华。”

三岛带着“楯之会”的四个人前往“末原”的两天前，十一月二十二日他带着家人来到“末原”。他完全没有让家人发现他已决心要到自卫队市之谷驻扎地起义的事情，在此完成了他“最后的飨宴”。三岛的父亲平冈梓（原农林省水产局长）曾如此述怀：“我想犬子根本就是一位天才欺诈师。我被骗了，家里的每一个人也都被他骗了。”那么为何会选在“末原”呢？

“末原”是父亲梓爱去的店。从学习院初等科的时候开始，穿着高领学生服的三岛，便经常被父亲带来这间店。据说食量小，不爱吃的三岛，只喜欢吃“末原”的鸡肉锅。“末原”是平冈家一家人度过团圆时光的店。

在“末原”吃完最后晚餐的三岛心中，应该堆积了许多与父母一同度过的回忆。从前的回忆在香气四溢的鸡肉锅蒸腾的热气之中摇屹晃动着。为了斩断这个回忆，他必须来到“末原”。三岛这样的内心深处，同行的“楯之会”四个人并不知情。

十一月二十四日，三岛从下午六点开始极致快活地用餐，喝了啤酒，于晚间八点时回家。据说他要离开时，小老板娘对他说：“下次再来。”三岛马上回了一声：“啊？”然后说：“你这么说，是要我从那个世界再过来吗？”

三岛最后所食用的“鸡肉锅”。

军鸡、鸭里脊肉等，可以享受各式各样禽肉滋味的火锅套餐。

三岛由纪夫（みしま・ゆきお，1925—1970）

生于东京。东京帝国大学法学系毕业。昭和二十四年以《假面的告白》受到瞩目。创作出《潮骚》《金阁寺》《丰饶之海》四部曲等许多名作，为战后具代表性的作家之一。昭和四十二年进入自卫队体验自卫队生活，来年组成“楯之会”，最终与成员一起在自卫队市之谷驻扎地切腹自杀。

武田百合子与『赤坂津津井』

当一个人没有办法再享用咖喱时，人生就差不多走到尽头了，一定是这样。这一阵子吞下食物或水时，喉咙会发出咕噜的声音，难以下咽，严重时会不断咳嗽，身体无力、想睡觉，没多久胃就感觉滚滚地似乎要吐了出来，——原本还偷偷不安地以为自己是否将不久于人世，但从昨天早餐开始，突然又回到原本健康的状态了。

（《日日杂记》）

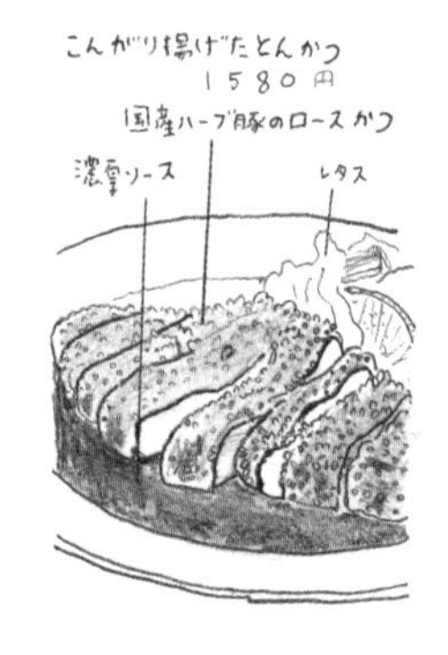

赤坂　津津井
东京都港区赤坂2-22-24
泉赤坂大厦
03-3584-1851

武田百合子开始以作家的身份活跃，是从昭和五十二年（1977）丈夫武田泰淳死去的来年（百合子五十二岁），出版《富士日记》（中公文库，获颁田春俊子奖）开始，一直到六十七岁去世的十五年间。五十四岁时所创作的《小狗看见了星星——俄罗斯旅行》（读卖文学奖）让百合子增加了许多的拥护者，接着持续创作了《词汇的餐桌》《游览日记》《日日杂记》等作品。

武田泰淳最后的作品《眩晕中散步》（野间文艺奖），是由作为丈夫的泰淳口述，夫人百合子记录。对于泰淳的口述内容，百合子会说“才不是这样”，然后订正，两人的对话直接呈现出来，自由自在地运用这种所谓泰淳式口述笔记的方式。

在《鬼姬的散步》这个篇章中，提到了泰淳与鬼姬（即百合子）认识的往事。百合子说记得那时是战争结束后，因为肚子太饿，直接以玻璃杯灌了一杯烧酒，即使喝了眼睛感到刺痛（这种情况，有时会导致双眼刺痛然后失明）但她还是喝了。不论多少都能不断喝下去的百合子，被称呼为“蟒蛇”与“酒豪”。有一幕还描写泰淳将喝醉后坐在垃圾桶上高声叫骂的百合子拉下来：“我记得我似乎是扯着她的头发走下来的（当我说到‘拉’的时候，她马上就说‘是用扯的’，然后订正过来）。”

口述的丈夫与笔记妻子间的格斗，发展成为精彩的故事，这是前所未见的手法。

百合子与大她十三岁的泰淳在神田小川町同居，那时她二十三岁。三年后由于长女武田花出生的缘故，在办理出生登记时一并办理结婚手续。百合子在神田的昭森社出版社上班，并且于森谷社长在楼下经营的咖啡厅兼酒馆“兰波”工作。

当时百合子在武田泰淳所著的《大胃女》中登场，书中的名字为“房子”。两人刚开始私下约会时，百合子曾说：“吃东西是最快乐的事，我最喜欢的事就是吃美味的东西哦。”百合子相当贫穷，总是光着脚，上衣也就只有那两件而已。

在星期日的新宿，百合子一边喝着啤酒，三两下就扫光三盘寿司，并不是狼吞虎咽，而是不知不觉地消灭。百合子以两百元购买纸洋伞后，在路边摊买了豆平糖[①]与薄荷点心边走边吃，看完电影后又吃了冰淇淋。搭电车经过小田急沿线的铁桥后，下车后漫步河边，喝完弹珠汽水后返回新宿，又买了瑞士卷。抱着那袋面包走进猪排店，点了淋上西红柿酱的厚切炸肉排，拿出自己带来的面包，配上日本酒，在电车月台上吃棒冰，接着搭末班电车回家。

第二次约会的时候，他们在雨中的神田车站见面，于昂贵的猪排店用餐后，再去寿司店吃海苔寿司卷，在兰波喝私酿烧酌，泰淳一度离开去处理几件要事后，晚间九点左右又回到兰波，带百合子出门，又再去了上午同一家猪排店用餐，餐后百合子又买了大福。

《大胃女》是昭和二十三年，武田泰淳三十六岁辞去北海道大学助理教授时的作品，也是在这一年，两人于神田小川町的不动产公司二楼展开同居生活。

与百合子结婚后，泰淳的文风便从原先否定人类的怀疑论，转向格局宏大的人类自我追求派进化。相信人性本善的百合子将开朗的性格传染给他，促使了《森与湖的祭典》（新潮社）、《秋风秋雨愁煞人》（筑摩书房）、《富士》（中公文库）等书的开花结果。一般认为之后能够靠着《富士日记》这部作品的诞生而造就出

---

① 含有大豆的一种糖果。

说到“津津井”的名菜，就是这道“牛排丼”（附色拉）。

作家武田百合子，是由于百合子在《眩晕的散步》口述记录的过程中，磨炼出写作能力。相对于此说法，埴古雄高的见解是“百合子小姐本身就具有艺术性”。埴古是百合子在与泰淳结婚前便认识的朋友，早在百合子更年轻时即已看出她具有敏锐的直觉，能确实捕捉事物本质的稀有才能。

百合子在《妇人公论》追悼武田泰淳的访谈中是这么回顾的：“我感觉我所交往的并非是写作小说的武田，而是一位请我吃各式各样美食的人。……我不知不觉地喜欢上那个请女生吃她喜爱的食物，自己则安静且一脸害羞地喝着私酿烧酎的武田，以后便一起生活了二十五六年。”

兰波时代的百合子，也曾在泰淳的《未来的豪放女》中登场。“……听着客人的点餐，端上酒或咖啡、花生或米果；清出炉子里的灰烬，摆进新的木炭；将垃圾拿出去倒；偶尔坐在客人身边陪着喝几口啤酒；猜拳猜赢了却被客人扭住手腕，拿酒从头上淋了下来；将瓶子包在包袱布里，为买酒或肉奔走；丝毫不差地为客人结账。”

《富士日记》是从昭和三十九年（1964）（三十九岁）到五十一年（1976）（五十一岁）为止，这十二年之间的日记。武田家在昭和三十九年，于山梨县富士樱高原建造别墅，开始了往来于东京与山间的生活，并且也开始写《山中日记》，只是最初的一部分是由泰淳执笔。

日记一开始是七月四日（星期六），内容为：“在大月车站买便当。原本心情不好的小花，也因为吃到合她胃口的便当而开心了起来。”七月十九日吃猪排。十二月二十六日的内容则为：“晚餐是加了鸡肉的年糕汤。”

百合子与泰淳的合体，是从写作《富士日记》开始，到了《眩晕的散步》可说一半都是百合子笔记的作品，这点可从泰淳曾经如此述怀可知：“我不知道应该高兴还是难过？现在我要是没有鬼姬（百合子），就无法生活。”（《鬼姬的散步》）甚至他还明言“最重要的是，因为中风的后遗症，我有时会突然发呆，有时头脑又很清楚”。在《有闲钱时的散步》中也这么写着:“有次太太突然对我说‘你啊，就像是我痴呆的老父’而大吃一惊。”

在中央公论社中担任武田泰淳（《富士》）以及武田百合子（《富士日记》）一书责任编辑的村松有视，曾经写过评传《百合子小姐是什么颜色：认识武田百合子的旅程》（筑摩文库），书中详细论述武田百合子本身就富有文学才华。百合子从女子学校三年级（十四岁）到五年级（十七岁）为止，就一直在《贝壳》这本同人杂志上发表诗或随笔。

三十五岁时，在《贝壳》杂志中以书信形式创作的《来自长野县》里写到，女儿小花每天都会抓来几只蜻蜓，还出现了这样的内容:“跟男孩子两个人关在狭小的房间里研究如何处理蜻蜓，他们有时将蜻蜓的尾巴切掉，或是将头部取下后放入箱中，或是以木棒乱搅一通，蜻蜓死掉的话就盖坟墓埋起来，要死不活的会做间医院让它住院，用剩布当作棉被为蜻蜓盖上。”

百合子说了一句:“这样蜻蜓好可怜哦”，但她却因为这句话“显现出自己已无光彩、枯萎、贫弱的一面”而感到羞耻，她与泰淳有着不同的价值观，是一位独立的作家，而非依附在泰淳之下。

武田花是曾获木村伊兵卫奖的摄影师。在泰淳过世后，百合子与独生女小花一起住在东京都港区赤坂六町目的赤坂大楼。

百合子会带着小花一起去三温暖，回家时就顺路在附近的赤坂津津井吃咖喱饭或猪排。“津津井”是筒井厚惣于昭和二十五年（1950），在茅场町开的餐厅，以供应“日式西餐”而广为人知。昭和三十年（1955）总店迁至赤坂，平成十九年（2007）再搬到赤坂二町目的南部坂。

百合子会点自己喜欢的料理，然后都分一点给武田花尝尝。咖喱饭、猪排、炖牛肉，每道都是带有和风，带有怀旧气味的西餐。

小花为百合子在中目黑的长泉院举行葬礼，为参加者准备了赤坂津津井的便当，吃过的人都称赞说：“炖牛肉热乎乎的，相当美味。”我担任编辑的时代，曾与武田泰淳到北海道旅游，听过他提起：“我老婆可不得了，开车时，遇到横冲直撞的砂石车驾驶会怒呛对方。”百合子很擅长烹饪，我前往赤坂大楼拿稿子时，她曾招待我吃炖牛肉，她还送了我从中华街买来的凤尾鱼罐头作为礼物。这是一种将在中国类似柳叶鱼的鱼类裹粉油炸后，再做成罐头的食物。

听说他们一家三口去日比谷看完电影回来后来吃晚餐，泰淳一定是点炖牛肉，小花是汉堡，百合子则是炸虾。

百合子老年后不太做菜，多是带着小花到她们喜欢的店家去吃。在TBS附近有寿司店，她们常吃外卖，偶尔也会想坐在吧台上吃，于是特地去了一趟，结果发现价格颇贵，所以只吃了一点点而已。

因单价远比想象中的高，百合子带的钱不够，从寿司店到赤坂大楼徒步大约十分钟，因此百合子便回家去拿钱。

在这段时间，小花（当时二十五岁）被当作抵押品丢在吧台前，过了二十分钟百合子还没有回到店里，小花想着“难道是家里也没有钱吗？”而开始感到不安，只好边等边帮忙店家折餐巾，好不容易等到百合子回来，自此以后，两人便再也没去赤坂的寿司店了。

我问小花：“富士樱高原的别墅现在怎么样了？”她答：“因为已变得十分老旧，还有蝙蝠栖息在里面，只好把房子拆掉，现在只剩空地了。”

百合子来此必点的“咖喱饭”。

宛如日式马赛鱼汤的“马赛火锅”。

武田百合子（たけだ・ゆりこ，1925—1993）

生于神奈川县。昭和二十六年（1951）与作家武田泰淳结婚。泰淳晚年时，百合子成为作家丈夫的贤内助协助他做口述笔记。泰淳去世后，于昭和五十二年（1977）出版第一本著作《富士日记》。曾获田村俊子奖，拥有许多读者。昭和五十四年（1979）以《小狗看见了星星——俄罗斯旅行》获颁读卖文学奖。

山口瞳与『左左舍』

这是一间每到夏天就会摆出长凳，令人想穿着浴衣，带着圆扇与蚊香，来喝杯日式调酒的店。

要去神田明神下的左左舍，吃今年第一批捕获的河豚。意外地连出租车司机都知道明神下，真令人开心。

（《男性自身》）

左左舍
东京都千代田区外神田2-10-2
03-3255-4969

山口瞳是一位料理店通。

到浅草要吃并木薮的南蛮鸭，金泽得去鹤幸吃沙丁鱼丸，横滨住吉町吃八十八的鳗鱼丼，仓敷则是千里十里庵的烤螃蟹，这些都在他的脑中，随时可搜寻。

这一间又一间的料理店，只要阅读过《我经常出没的店》（新潮文库）一书就能够了解，对于山口瞳来说，一间店并不是“好吃就行了”。话虽如此，若是菜不好吃还是很糟糕，但他连料理店老板背后所代表的各种人世况味都一并感受。

在此显现了文士的舌头并不容易讨好，料理店、居酒屋所背负的人情、束缚、坚持也是味道的成分之一，山口自号“偏轩”，甚至还落款写下“偏见的文士”这几个字。他是个好恶分明的人。

高仓健主演的改编电影《居酒屋兆治》，是以位于距国立市不远的谷保，一间小小的串烧店即是以“文蔵”为原型。“文蔵”是一间仅有吧台前几个座位的小小串烧店，一看便知是间违章建筑，非常简陋。餐点的价格十分便宜，寡言的老板默默地将猪内脏插在竹串上，然后由太太来烤。虽然是间味道很好的店，但任谁也想不到这间店竟然会以《居酒屋兆治》的形象而扬名全国。

其中有部分是依山口的风格改编的故事。由于发生了些事情，丈夫辞去工作，开起串烧店谋生，这个男人对此业的专心致志成了全篇的基调。居酒屋的氛围、待客之道、店老板的过去、对恩人如何的酬谢，处理这些事的细节，都在山口的人生观中升华为小说。

山口瞳将居住在国立的作家、画家、雕刻家聚集在一起，组了一个名为“国立山口组”的宴会，我也获邀加入成为其中的一员。

山口瞳不喜欢所谓的料理通。

一般认为他成为一位料理店通，而非料理通，应该是三十一岁进入寿屋（现今的三得利）时开始。参与寿屋的宣传杂志《洋酒天国》的编辑时，他的同事中有开高健、柳原良平。以《江分利满先生的优雅生活》获颁直木奖，则是在他三十六岁时。

即使成为直木奖作家，他也没有抛弃三得利宣传员的身份，这是对于有恩于他的公司坚定的忠贞意志。在三得利时代，他担任酒吧调查的工作，得一间又一间地前往各处的酒吧，调查一个小时内卖了多少瓶的托利斯威士忌，用掉多少瓶苏打水，其他公司的商品卖得如何，什么下酒菜比较受喜爱等，向公司报告。

令他感到困扰的是来到没有客人的酒吧时，一个人在吧台前喝着酒，无聊到令人发慌，他特别害怕去池袋、五反田、大井町，他说在第一次前往的店里，彼此相对无言地度过一个小时，简直就是苦行。

他是调查酒店老板娘的性格、店的装潢、调酒师手艺、来店顾客水平好坏的职业巡店人员。在从事这些工作的同时，他渐渐可以看出一间店做下酒菜的厨艺，如何应付喝醉酒、骚扰女性的客人，生意繁盛的店家气氛，恐怕撑不下去的店家又是如何等。由于是秘密调查员，因此不能暴露出真正的身份，从店家的角度来看，是位难搞的客人。虽是调查员，但他偶尔也会给店家一些建议，这也是身为三得利宣传员的职务。

他在《周刊新潮》杂志连载《男性自身》，是从昭和三十八年（1963）三十七岁开始。来年，移居至国立町东区，距离我家非常近，“山口瞳搬来附近哦”也变成街坊邻居的谈论话题。《居酒屋兆治》（原题为《兆治》）开始在《波》杂志连载，是在他五十二岁时。

六十二岁，昭和六十三年（1988）时，在国立的咖啡厅画廊“ESOLA”，举办山口瞳书画展。当时，有一位穿着皮夹克，骑乘两百五十CC机车的男子来到这里，买了写着“冬夜里吹拂着风”的大幅

“盐烤樱鲷及樱花蒸鱼”。

书法作品后离去，那件书法作品上标着高额的价格。

此人一把拿出现金很干脆地买下此作，当时在国立当地的人都很好奇“此人究竟是何方神圣？”画廊老板表示：“对方好像是在神田明神下经营河豚料理店。”那个人就是左左舍的老板落合正文。

落合先生是山口瞳的热情粉丝，读了《男性自身》，知道有书画展，便一刻也不能等，马上拿出存款前来购买。山口瞳即使知道这件事，并没有马上前往左左舍。因为他有所顾虑，所以对于购买自己书画的料理店，反而更加小心避嫌。最后他来到左左舍，已是两年后的事，平成二年（1990）六月二十一日号《周刊新潮》杂志中，左左舍终于登场。

五月二十八日……我来到与其说是在千代田区外神田，不如说位置是在神田明神下还比较正确的河豚料理店左左舍。每当有我的展览会，老板落合正文先生总是第一个前来，之前我一直想去那边喝酒，同时也期望能诚挚地与这间朴实的河豚料理店往来。当然，他们现在已不是河豚专卖店，而是所谓的季节料理（中略）我经常这么想，与明神下的店家，也就是像左左舍这样的店家彼此熟稔后，大约十天光顾一次，可以用自己的钱喝酒，是一件多么快乐、多么轻松的事啊。现在就算这样玩，也不会发生影响生计，但事实上，当我知道这一间简朴舒适，东京人称之为毫无装饰的店家时，我已经没有办法像以前那样喝酒，身体早已不堪酒力，真是令人感到无尽惋惜。“这就是人生啊。人生就是这么一回事，一定是这样”。在内心深处，我对自己说。

我问落合先生：“当时上的是什么料理？”他说是竹笋鲷鱼套餐。

当时的左左舍是一间吧台前八个位子，加上一个大小约四张半榻榻米左右包厢的小店。从前，在神田明神的男坂，有间称作开化楼的高级日本料理店，高桥孝义带山口瞳吃过好几次。当他开始去左左舍时，开化楼已经不在。他回想在隅田川庆祝纳暑开始的祭典当天，每当烟花在天空炸开时，他便会伸长脖子看着、喝酒。

落合先生成为料理人之前的四年间是在纺织中盘商工作。成为日本料理的厨师，是在他二十四岁时，于神田明神料理部（长生殿）进修，制作婚礼上的料理。拿到河豚料理的执照后，先后待过两间银座的老店，才到此地开店。现在则是在距离当时山口瞳所去的店面约二十米的地方开了一间新的店。

这是一间残留着江户风情的传统料理店。从神田明神的石梯咚咚地下来之后，马上就有一条仿佛会出现在新派剧里的小路，小路的尽头会遇到十字路口，左转即是这间店。

他现在也还会去参加神田明神的抬轿活动。他总是一脸笑嘻嘻、单纯的日本料理厨师，干脆、帅气，餐点又便宜。

玄关前有竹子与南天竺的植栽，提灯闪烁着灯火，是一间有着下町气氛的小料理店。

平成六年（1994）的《男性自身》（十月十三日号）里写道，在大相扑九月大赛之后，他带着ESOLA商场的益雄先生与岩桥邦枝小姐前往左左舍。

“第九天的相扑比赛真是太精彩了，许久不曾如此满足而沉醉。我们要去神田明神下的左左舍，吃今年第一批捕获的河豚。意外地连出租车司机都知道明神下，真令人开心。”

当时山口瞳六十七岁，在来年的八月三十日去世。

有一种称之为山口式的“饮酒方法”。

我们一进到小料理店，店家马上就会送上酒壶、酒杯、筷子、筷架，并由女侍斟倒第一杯酒，喝下。但是却没有人知道“正确的饮酒方式”，杯子该怎么拿、酒要如何喝，山口有自己的一套方法。

“首先，在酒杯上桌之前，什么都不用想。没错，不论谁都是用食指与大拇指拿酒杯吧，或许也有人会将中指轻轻地靠在杯子的底部。此时，食指与大拇指会贴着杯子外缘，就这样拿着杯子，然后靠近嘴唇，从食指与中指之间的空隙饮用。此时便不是啜饮，而将杯中的酒倒入口中。"（《礼仪习惯入门》）

这是正确且看起来相当优美的饮酒方式。

"拿起酒壶，直接斟倒即可。以大拇指及另外四只手指头握着，然后将大拇指朝下，即可倒出酒。不可以朝着对方直直地推去，也不可以转酒壶。"

接下来，筷子与筷架要如何摆放呢？大家都会将筷架放在左侧，然后将前端朝左摆放筷子。但是，内田百闲却将筷架摆在右侧。试着模仿后，发现与一般习惯相反，将筷架摆在右侧的话，可以更快拿起筷子，只要一个动作即可拿起筷子，这教人如何是好？

山口在阐明自己的做法同时，也这么提道："话虽如此，那我自己是不是经常这样喝酒呢，其实也并非如此。正确的做法或怎么做才有礼貌，了解之后却不去实行，才是真谛。"

该如何处理筷子套？山口的做法是捏成一团，藏在西装口袋或是和服的袖子里。这动作得迅速，这么一来餐桌上才能显得干净清爽。

这些习惯，既是身经百战的料理店观察家之标准，也彻底是山口瞳的风格。在《我所喜欢的》这篇随笔中，他曾这样描写：

"有一间酒馆我经常前往，并不是因为迷上了老板娘，也不是因为酒特别好喝，而是那里气氛轻松又方便前往。与老板娘及店员渐渐地都混得很熟，对我的态度也有点愈来愈随便。我一边想着'啊，已经到了该离开的时候啦'，一边继续喝着酒。但在这个地方与其他人建立的交情，也令人难以舍弃。"

或许任谁都有过这种经验吧，一边想着"已经到了该离开的时候"一边继续喝着酒，渐渐有了无赖汉的味觉，并不觉得那酒难喝，反而可以体会到这世间无常。难以割舍与他人的交情，也是山口瞳的特殊技能——不轻言放弃。文士的舌上，可以感受到流逝的时光。

京都　大知的友人送来的，早晨刚采到的冢原笋。

要与附上的滨纳豆一同食用的“樱鲷薄切生鱼片及白子”。

山口瞳（やまぐち·ひとみ，1926—1995）

生于东京。曾担任编辑，后于昭和三十三年（1958）进入寿屋，成为在宣传杂志《洋酒天国》上活跃的撰稿人。昭和三十八年（1963）以《江分利满先生的优雅生活》获颁直木奖，昭和五十四年（1979）以《血族》获颁菊池宽奖。连续三十一年在《周刊新潮》著名专栏《男性自身》写作而广为人知。

吉村昭与『武蔵』

我打心底里想感谢酿造美酒的人。因为对于没有什么兴趣的我来说，品酒是我唯一的乐趣。

（《我的风格·绿色之瓶》）

金目鯛·武蔵二刀流
(半分は刺身、半分を煮つけ)

武蔵
东京都武蔵野市吉祥寺本町2-10-13-201
0422-20-6343

“武藏”是吉村昭晚年常去的居酒屋，位于吉祥寺本町二丁目的闹街上。在这间店里，拿温泉汤豆腐下酒，搭配一杯新潟的名酒“鄙愿”，是吉村的吃法。豆腐是以温泉水制作，软绵绵地入口即化，宛若含了一口秋云般，相当适合拿来配酒。

宽敞的玻璃展示柜里，摆着石狗公、金目鲷、鰤鱼、竹荚鱼等新鲜鱼类。这间店的做法就是客人点了一条鱼，一半会做成生鱼片，另外一半则是拿来煮或烤，称之为“武藏二刀流”。此外还有凉拌沙丁鱼、蝾螺、扇贝、柳叶鱼、海鞘贝、北寄贝等酒客们喜爱的下酒菜，可乐饼也是广受欢迎的一道菜。

吉村昭喜欢坐在吧台前，安静地，看起来挺享受的，先喝一小瓶啤酒，接着再喝日本酒。老板宫本博道一开始连他是从事什么工作的人都不知道，是到了不知道第几次时，才有一位客人说他是“历史小说家吉村昭”。

吉村昭是一位寻找居酒屋的高手。为了采访来到乡下地方，找间小料理店喝酒是他的兴趣，而且他找到好店的直觉很强。他选择店家的诀窍，首先是确认客层。从开着小缝的玻璃窗窥视店内，如果是一群中年男子安静地喝着酒大致上就是可以进去的。

吉祥寺有许多以学生为主要客层的店家，但这间店的来客却都是社会中坚的上班族。武藏这个店名，是否令吉村联想到《战舰武藏》呢？《战舰武藏》是三十九岁的吉村昭启蒙记录文学的作品。从武藏战舰开始建造到沉没为止，不带任何感伤的坚定语气，瞬间受到瞩目。

但我向老板询问：“为什么店名取叫武藏呢？”老板回答：“因为

我姓宫本，所以就将店取名为武蔵了。”什么嘛，原来只是这样啊。老板开朗而正直，也因为这样的性格而受到客人喜爱。这里的价格合理，正是吉村昭喜爱的那种平价餐厅。

在《我的便服》一书中提到了爱媛县宇和岛“早餐吃乌龙面”。这是一间凌晨五点就开始营业，过了八点便收摊的店家，只有当地人会去。一早通勤或是前往市场采购鱼类的人，会去那里吃早餐。因为没有招牌，要找到在住家中的乌龙面店可得耗费一番心力。客人要自己将乌龙面放入金属筛子里过一下热水，然后倒进大碗中，是间采取自助式的店。吉村来到宇和岛后，满脑子想的都是乌龙面。又有一次他正要去一间在吉祥寺的立食乌龙面店，妻子（津村节子）告诫：“你一点都没有这个年纪该有的样子，真丢脸，不要这样。”

宇和岛一间叫作G的料理店所供应的鲷鱼饭，市场里卖的鱼板，一种叫作日本鳀鱼的小型鳀鱼，都是他喜欢的食物。

在长崎，他迷上了什锦烩面与强棒面的味道，曾经前去吃了十几间当地人所推荐的店家，最后来到一间叫作F的店。面条较粗的什锦烩面是他喜欢的食物。

他经常在札幌一家叫作“山崎”的酒吧喝威士忌，之后再到位于附近的店家享用味噌拉面，不过那间拉面店已经消失了。拉面老板因为性好赌博，沉迷于小钢珠、赛马，债台高筑只得在夜间偷偷逃走。在吉村的料理随笔中也提到了这件事的来龙去脉。

他很会喝酒。五十四岁时，在佐佐木久子编辑的杂志《酒》里头的文坛酒徒排名中，成为了东区的第一名。他不仅酒量大，就算喝醉后也不会大吵大闹，总是悠然地享受饮酒乐趣。

吉村式的饮酒方法是混酒，啤酒、日本酒、烧酒、威士忌等，一种接一种没有一定顺序地喝着。一般来说混着酒喝容易宿醉，但他却认为“把酒混在一起喝对身体比较好”。

他在新宿有一百间熟识的店。听到这件事的《周刊新潮》女记

吧台前的大型展示柜里，排列着各式各样的当季鱼获。

者便前来采访问他可有此事？于是他让对方随机抽问，将地图摊在面前，随便说出一间店名，他便能正确指出所在地，在他答了七十题左右时，记者终于投降。那些店他不只是看过，而是每一间都很熟。

之后他的酒量减少，晚上六点前，即使在旅游时他也不再饮酒。他自定义了“酒的戒律”，规定自己在外面可以喝酒的时间是在六点以后，在家中则是在九点以后。

当妻子津村节子大学时代的朋友来到家中吃火锅时，妻子与友人都已拿起杯子说：“一起喝点酒吧。”但因为吉村已定下戒律，便婉拒没有喝。妻子对朋友说：“他是不是很像狗？对自己下令等一下，然后就从头到尾一直遵守这个命令哦。”

津村节子在昭和四十年（1965）以《玩具》获颁芥川奖。吉村昭在此之前则曾四次成为芥川奖的候选人。夫妇皆为小说家，通常很容易产生摩擦，但吉村夫妻俩却是感情很好的“恩爱夫妇”。

妻子获颁芥川奖一年后，吉村昭以《前往星星的旅程》获颁太宰治奖，后续创作的《战舰武藏》成为畅销作品。津村节子昭和五十八年（1983）也以山川登美子的传记小说《白百合之崖》、来年以珍珠养殖为题材的《海之星座》、昭和六十年（1985）描写女烟火师的《千轮之华》等作品，开拓新境地。

一家之中有两位小说家，外人很难想象他们在精神上的角力会有多严重，但吉村昭是名好丈夫，也是个好父亲，贯彻了一般社会人应有的立场，是男人中的男人。

穿着风衣，眼神锐利的吉村屡屡被误认是刑警。走在路上，他会想着小说的题目，观察周围，因此总是会有刑警般锐利的眼神。此外，也曾被认为是做土木工程或是水电行老板。曾有编辑为了即将出版的随笔集，“想要在封面的背面刊登一张正在喝酒的照片”，便决定到位于浅草他经常前往的乡土料理店A拍照。到了该店，老板一脸被吓傻的表情直盯着他看。原来吉村过去十年来一直都去光顾这间店，但老板却深深地以为吉村昭是附近蔬果店的老伯。

吉村昭写历史小说，会缜密且仔细地彻底读遍传记数据，他想要尽可能贴近事实的执念非常强烈。当他创作《战舰武藏》时，除了读数据之外，还采访了多达八十七人。他独自一人前去拜访，再以不带个人情感的无机质文体，安静地提示着曾发生过的事。

读者被那种寂静所压制。那是经过猛烈思考后冷静的述说。读过吉村作品的人，想必会觉得他是位严厉的人，因而害怕这个人，然而他是个内心温柔的人。为了维持柔软的心，需要坚强的精神力量。

平成十八年（2006）七月三十一日，他亲手拔下点滴，顺便将埋在头部底下的导管针拔出后死去的意志，是以一种“基于强韧精神的自然死亡”方式，结束小说家吉村昭的一生。

吉村昭的料理随笔，不管是《早晨乌龙面》，还是《梦幻拉面》，都脱离不了人之生存的态度。他有篇随笔题目是《味噌酱菜》，述说一名来自秋田的离家少女突然来访，这女孩是爱读津村节子小说的读者，她哭着拜托：“不管什么工作都好，请让我做，让我留在这里。”她刚从高中毕业，是农家的独生女，据说家里为她招赘，但因为她不想要，便离家来到这里。吉村让这名少女暂住几天，并联络上她的老家后，少女的父亲便前来将人带回去，这件事情就解决了。隔天早上，背着背包的父亲又从秋田过来，拿出大量的味噌腌萝卜放下后便离开，他才想起他曾对少女说过的一句话：“我不需要什么谢礼，但如果觉得过意不去一定要给的话，那你就回到故乡，送我你们家做的味噌酱菜就可以了。”

原本只是安慰少女的一句话，却传到她父亲那里。之后，他们又再寄了一次谢函给妻子。每当享用味噌酱菜时，就会想起那名少女。

《结束营业》这篇随笔则是附近寿司店的故事。寿司店老板拿着一大盘的寿司，宣告店要结束营业了，与妻子一起鞠躬说：“一直以来，受大家照顾了。”老板的眼神显得平静，妻子却是含着泪水。

“真是麻烦啊！”吉村只能说这句话而已。

即使写料理店的故事，他也几乎不会写出店名，毕竟味觉因人而异，读过文章的人前往该店，也未必会觉得满足。读者前往他说好吃的店，或许会失望也不一定。如此慎重的态度，存在着吉村昭身为历史小说家的评判之眼。好吃、难吃是主观决定的。

晚年，他熟识的店一间一间地从眼前消失。料理鸭肉的小餐馆，由于店租金变贵，只好转往故乡新潟市东山再起；隔壁车站西荻洼的店家，老板娘说觉得累了，于是歇业；寿司店也结束营业，熟识的店一个个消失，为了寻找新的店，于是他四处游走，但“感觉不错的店一进去发现不是价格贵得惊人，就是点了菜不知等了多久还不上菜，像这样的店我不会再去第二次。”（《贫穷鬼》）他明白地说。

从前他被店家说是“会带来好运的客人”，只要吉村昭在店里喝酒，客人就会一个接着一个的进来，所以被叫作“福神”，但现在却变成“贫穷鬼”，他不禁感叹。

这个时候，他说“重新开发的M这间店，成为我唯一能够依赖的支柱，一进到店内，就会亲切地欢迎我，我静静地喝着酒，似乎没有人察觉我是贫穷鬼。”

这间叫作M的店家就是“武藏”。如果依照吉村过往的习惯，是不会将店名写出来的，但如果只写“M这间店”，就没有办法成为一篇报道，于是干脆将店名写出来。

据说吉村每来必点，从嬉野温泉直送的“温泉汤豆腐”。

一条鱼一半做成生鱼片，另一半拿来烤或煮，这就是“武蔵二刀流”。照片为卤金目鲷及生鱼片。

吉村昭（よしむら・あきら，1927—2006）

生于东京。学习院大学肄业。昭和四十一年（1966）以《前往星星的旅程》获颁太宰治奖。同年以长篇作品《战舰武藏》受到瞩目，之后陆续发表格局宏大的历史小说或战史小说。代表作有《漂流》《熊岚》《生麦事件》《樱田门外之变》《冷夏、热夏》等。妻子为作家津村节子。

向田邦子与『湖月』

我在常去的小料理店，点了一份水菜加鲸鱼皮的火锅，一瓶啤酒。

快到家时，有个小沙弥从我面前走过。

（《午夜的玫瑰・木屐上的蛋酒》）

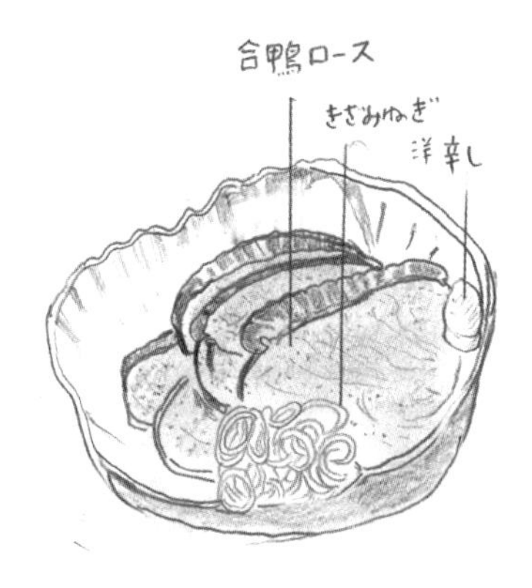

湖月
东京都涉谷区神宫前5-50-10
03-3407-3033

我最早阅读向田邦子的作品，是昭和五十三年（1978）由文艺春秋所出版的《父亲的道歉信》，一开头便出现人家送的龙虾。放在玄关水泥地上的龙虾爬到客厅，将钢琴脚架的烤漆刮出严重的伤痕，地毯上沾满龙虾黏液，只好将龙虾收进冰箱里，人却因此无法安心入睡。

当中也出现父亲自宴会归来时，打包餐点带回来的故事。原本睡着的姐弟三人被唤醒，一边揉着睡眼，一边被喂着便当里的豪华料理。一整条带头带尾的鲷鱼摆在中间，还有鱼板、糖煮栗子、烤虾、绿色的羊羹。向田的父亲担任保险公司的分店长，是位严谨正直的上班族。

她小时候有一次去退潮的沙滩游玩后的当天晚上，快要睡着时，突然被空袭警报吵醒。在黑暗中，拿起白天采到的蛤蜊、蛤仔正要逃出去时，被父亲狠狠地撞到，父亲斥责说："笨蛋！那些东西给我丢掉！"于是蛤蜊与蛤仔便被在厨房内撒落一地，这场景就像是部灰暗的电影纪录片。向田的作品，总是画面鲜明地如尖刺般直直刺向胸膛。他们空着手跑出门外一看，周遭已变得一片赤红，前方的荞麦面店直接被烧夷弹炸到，瞬间着火、烈焰冲天。

虽然是随笔，但故事性强，带有浓浓的哀伤。所有人在火舌的逼迫之下四处逃窜，父亲说出这么一句话："不如把剩下所有好吃的东西都吃掉再死吧！"

"隔天早上，在破烂脏乱的榻榻米上铺上草席，脏得像是泥人的一家五口围成一圈享用料理。平常动不动就生气的父亲，不可思议地变得异常温柔，不断招呼我们：'多吃一点嘛，应该还吃得下吧。'肚子吃得饱饱之后，我们一家五口就像鱼市场里拍卖的鲔鱼般，一字排开地睡了个午觉。”

向田邦子的作品中即便是描写悲惨的故事，最后仍会被食物出现的场景所拯救。这篇文章中的救赎，是事先埋在土中的番薯，以藏起来的面粉与麻油做的油炸地瓜片配白饭，有如成为一部“潜藏在自家料理中，宛若一千零一夜般神奇的连续剧”之作品。

白色烹饪服下，母亲肿胀的手腕上，总是系着两三条橡皮筋。在《父亲的道歉信》中，另外还有《海苔寿司卷的两端》《学生冰淇淋》《天妇罗》等，尽是关于食物的内容。

向田于昭和五十三年（1978），与妹妹和子小姐在赤坂开了一间小料理店“妈妈屋”。当时还在担任NHK导播的和田勉带我去光顾。吧台上头吊着菜单，写着“奶油蛤蜊五百五十元”“辣煮红萝卜一百五十元”“凉拌竹荚鱼六百五十元”……种类繁多，在赤坂来说是价格相当亲民。我们点了家常豆腐、锡箔烤鲭鱼及生火腿芦笋卷配酒，配着日本酒“立山”时，向田邦子出现，与我们同坐在吧台的位子，招呼和田先生。

向田邦子写剧本，和田勉导演的NHK连续剧《宛若阿修罗》是在昭和五十四年（1979）播出。在这部连续剧中，得知丈夫外遇的妻子突然猛烈地吐了起来。日本一般的家庭连续剧，都是以描写和乐的家庭生活为主流，向田写的剧本之中却会出现人与人之间不那么和顺的关系。

向田邦子辞掉出版社工作那年的二月，我是第一个向她邀稿的人，于是她为我写了散文，内容是她在女校时代的故事：“为了要做茶巾料理[①]，我将家中一半的番薯都带到学校，因此对母亲感到有

① 茶巾是指在日本茶道中用来擦拭茶碗的布，而将柔软的材料包在茶巾里印出布纹的料理，称之为茶巾料理。

简单的食材，滋味相当丰富的"水菜火锅"。

点不好意思。”她用2B铅笔书写的文字，带有速度感，如柳叶般细致飘逸。

NHK连续剧《宛若阿修罗》之后，向田邦子所描写的料理，从甘美摇身一变成为一触即发的炸弹，家家户户都有的家庭料理中，隐含着另一项危机。餐桌上弥漫着战后废墟的烧焦味，无奈的黄昏下，晚餐的香气里有乡愁，就连餐盘也不断探问着读者的视线。

向田五十一岁，昭和五十五年时，在《小说新潮》连载的短篇《水獭》《狗屋》《花的名字》获颁直木奖，是这些短篇在同年十二月收录于《回忆扑克牌》一书出版前获奖。《水獭》是描写一名男子因脑中风病倒，他长得像水獭的妻子，在丈夫面前喝着红色的冰淇淋汽水，都已经一把年纪了，还以吸管朝杯中吹气，汽水因此冒出白色的泡沫。红色冰淇淋汽水对丈夫来说，正暗示着死亡，十分恐怖。没有察觉这一点的妻子，还开心地从吸在口中的吸管，滴下红色汽水。

此处便是暗喻着饮料瞬间化为凶器的黑暗。男子猛抓拉门，当他回过神来，手中已握着菜刀，准备切哈密瓜时便倒下了。

《狗屋》则是常来家中的鱼店学徒胜的故事。鱼店学徒阿胜拿河豚喂达子养的秋田犬吃，害达子的爱犬影虎差点死掉。阿胜不仅道歉，此后还更加照顾影虎，并为它制作了巨大的狗屋。之后，阿胜吃了大量安眠药企图在狗屋自杀，最后未能成功。这个故事中虽然也出现料理，却充满着鱼腥味，是一则刻意强调生之苦的故事。

在《花的名字》中，丈夫的情妇打电话给妻子，两人约在饭店大厅见面，妻子问情妇说：“你有什么事？”情妇把玩着咖啡杯的把手，对妻子说：“我想让你知道有我这么一号人物在。”然后付了自己的咖啡钱后离去。妻子从头到尾都只看着情妇搅动咖啡汤匙的缓慢手势。

短篇连载小说集《回忆扑克牌》中，收录与公司同事外遇的丈夫，怀疑妻子与他人私通的《五花肉》；妻子逃家的男子，每天去阳来轩点香烩脆面的《曼哈顿》；“父亲”去世时弥漫着内脏香味的《怀疑》；外遇对象来到女方所住的公寓的《苹果皮》……男子问：“听说女性的眼睑里会出现彩虹，这是真的吗？”女子回答：“我虽然没有看过彩虹，但曾经从眼睑内侧点了灯，变成像是烤牛肉正中央，没有全熟部位的颜色。”

即将分手，看不见未来的爱情。在这对疲倦的男女之间，料理冷掉、腐败，看起来就像在诅咒。

向田邦子是相当擅长料理的人，一遇上喜爱的料理，便会瞬间冥想，将那味道停留在记忆中，然后在家中重现。她投入了与创作剧本或小说不相上下的热情在料理上。向田料理成为居酒屋“妈妈屋”的下酒菜，水平更上一层楼。炒海带芽、海菜汤、酱炒莲藕、凉拌四季豆、烤大葱、西红柿紫苏生菜色拉，道道都是专业厨师想都想不到的灵光乍现。她的杰作是酱腌白煮蛋。这不过只是一道将白煮蛋放进加了少许酒的伍斯特酱浸泡两个晚上，腌渍入味。这些料理收录在《向田邦子：生活的乐趣》（新潮社）中。在这本书里，她心不甘情不愿地介绍了她常光顾的，位于神宫前五丁目的“湖月”。这是一间位于她所居住的南青山公寓，走路五分钟距离的京都料理店。《午夜的玫瑰》一书中写着：“我在常去的小料理店，点了一份水菜加鲸鱼皮的火锅，一瓶啤酒。”

这是一间吧台前有九个座位，另设有一间和室包厢的小店。即使像代官山小川轩或日本桥泰明轩这些著名店家，向田会将店名写出来，但只有湖月，向田会当作是自己“秘密的店”，而不将店名写出来。

每周有一两次，她会趿着凉鞋飞奔来到店里，迅速地吃完。喝点啤酒配一些季节料理：当季鲜鱼做的生鱼片、凉拌蔬菜、炖物，最后再点个饭类。因为这间店就像是向田邦子自家的厨房，她不想让别人知道。他与已经过世的店老板感情好得像是家人一样。

她与老板的太太也十分投缘，尤其喜爱合鸭里脊肉，据说还屡屡带回家中当宵夜。她会在肥美而味浓的鸭里脊肉上，蘸上满满的芥末食用。

这次与我同行的向田和子，著有《向田邦子的青春》《无法取代的礼物》《向田邦子的遗言》（皆收录于文春文库）及《向田邦子的情书》等著作。她说《父亲的道歉信》一书中，并不是仅有父亲，几乎整个家族都被拿来写作，大家都非常地生气。

向田邦子很喜爱蒸芜菁与水菜火锅，像这样相当费工的料理，不是专家是没有办法做的。

她曾说："十几岁的时候，肚子能吃得饱饱就是一件相当幸福的事。""二十几岁时，我一直想要吃牛排与鳗鱼吃到饱。"（皆出自《不吃吗》）

三十多岁时醉心于法国料理与中华料理。一到四十岁，就开始觉得日本料理好吃。她变得重质而不重量。

昭和五十六年（1981）八月二十二日，向田邦子前往中国台湾旅游时遭遇空难过世的两个月前，她在巴西、亚马孙旅游。

"亚马孙河的颜色有如浓郁的味噌汤，是仙台味噌的那种颜色，有一条被称作内格罗河，有如八丁味噌的黑色河川汇入。人只要有Amore（爱），一夜之间便能够融合，但两条河川却彼此不退让不接受对方，就这么流经数十公里，在河道中央制造出一条双色带子相互争斗。"（《亚马孙》）

亚马孙透过向田邦子的视线后，也会变成如此。

她的杰作集中在从四十八岁起到五十二岁去世的四年之间，这位"五十多岁的樋口一叶"在黄金时期，意外陨落。

她非常喜欢料理，会与友人或兄弟姐妹一起四处去吃东西，若是为了小说，她更是用舌尖严密地调查，这点只要读过她的《回忆扑克牌》便能清楚知道。她的直觉比一般人敏锐，预测能力相当强。料理联结着人与人，在刺激身经百战的美食家的同时，也依照不同的状况出现激烈的争斗场面。

加入星鳗、百合根、鲷鱼、银杏的“蒸芜菁”。

制成一夜干后一烤，鳞片立起的“烤马头鱼”。

向田邦子（むこうだ・くにこ，1929—1981）

生于东京。实践女子职业学校毕业后，历经编辑而成为节目剧本家，创作《时间到了哦》《寺内贯太郎一家》《宛若阿修罗》《阿・吽》等许多大受欢迎的作品。昭和五十五年（1980）以《花的名字》等短篇作品（收录于《回忆扑克牌》）获得直木奖，来年，前往中国台湾取材时遇上空难，骤然离世。以《父亲的道歉信》为代表的散文集也十分受到喜爱。

开高健与『寿司　新太郎』

不管什么我都吃。

也是因为我出生于大阪吧，对于吃这件事情，我完全不挑剔。

早上醒来我最先想到的就是今天不知道会与什么样的食物相遇。

（《街头美食家·各式各样》）

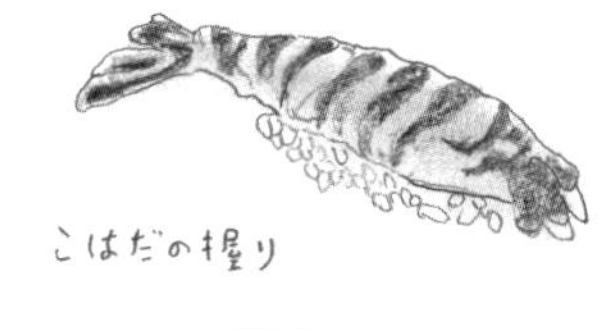

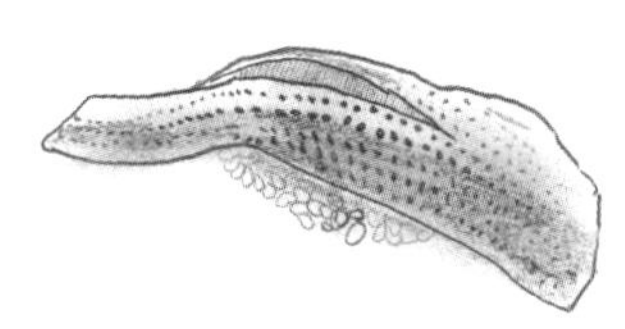

寿司　新太郎
东京都中央区银座7-5-4
毛利大厦B1
03-3574-9936

银座的交询社通与并木通交错的街角地下一楼，有间“寿司　新太郎”。

位于毛利大厦地下一楼，会让人误以为是新派剧舞台。一进入店里，神保町时代留下的各公司行号的名牌在墙上罗列着。

新太郎在神保町一丁目营业二十七年，由于神保町再开发工程，使得旧店铺被迫出走，于平成十一年（1999）迁移至银座，是开高健经常前往的店家。

开高健是非常厉害的美食家，对料理的造诣相当深厚，所有的料理只要一入口碰到舌尖，便与本能合为一体。

性欲、金钱欲、食欲，在小说家的意识中彼此纠缠、交融，偶尔会彼此排斥后升华。开高健不喜欢仅以美味、难吃的味觉来观察食欲。他认为料理得要将背景一并思考。他的味觉已超越辨别美味、难吃的水平，却与价格高低有相当大的关联。料理的价格也算是背景条件之一，味美价廉为其评判的重点。

性也好，金钱也好，食物也好，全都像菌丝般彼此纠缠，互相给予、争夺后被发现。开高健所追求的，或许是成为像巴尔扎克（Hororé de Balzac）那样具有破坏性的大胃王吧。

“食物，特别是美食，是一种放荡，如同情妇，我们无法露骨地谈论。对于女性的放荡、耽溺，我们大做文章，然而碰到另一个至死都甩不掉的深刻欲望，却是乍然停笔。”（《日本作家们的食欲》）

我们并不是为了劝善惩恶而吃。经过自己的舌头尝过后，再将食物的滋味传达出来。小说家是言语的专家，因此他警惕自己，不论碰到什么样的美味，都不能以“无法完全以笔舌形容”“言语无法表达”或是“没有字词可以形容”等一语带过。他有觉悟要以吃来探究真正的自我，挑战了这个世界上的美食，体验了所有能够想象到的味觉，可谓之“食魔”矣。

也因此，他朝向无尽的食物地平线前进，生肠（猪的子宫）、佛罗里达的奶油炸石蟹、里海的鱼子酱、盐烧鮀鱼、猪脚、烤斑鸫、鹅肝、毒蛇汉堡……无所不吃，只有与寿司相关的事物，几乎未曾在他笔下出现。

他前往银座的高级寿司店Q，向对方提议：“用鲣鱼或香鱼的内脏做下酒菜如何？”对方回答：“我们不做这种东西。”他不屑地说：“鱼腹中的珍味、奇味、异味，大半都被丢弃到厨余桶里了。”

他挑战的是内脏类食材。

开高健所谓的惊喜料理（尝过才知中大奖）有三种。第一是比目鱼卵，以及所有鱼类的肝脏他都喜欢；第二是法式冻派的两端部分，因为那里有最浓厚的汤汁；第三是沙朗牛肉的边缘，最外层的霜降部位。

在“四川饭店”，他点的不是正式菜单上的菜色，而是店里给员工食用的员工餐，对红烧肉（猪肉切成四方块，与蒟蒻一起以酱油炖煮）或是连锅汤（猪五花肉片煮萝卜汤）赞不绝口。会发现肥美的隐藏菜单，显示着开高健特有的好奇心，这应该不完全只是其身为小说家的兴趣而已，是打从心中想吃，不过也可以从这点察知，这是他仅短短享年五十八岁的其中一个原因。

他生于大阪市天王寺区，原本就是喜爱肉食的挑剔舌头，甚至说过：“来到东京，吃到觉得有滋味的东西就只剩下寿司与荞麦面。”

这样的开高健，提着波士顿包来到神田神保町，提着大量刚买的

以番茶煮得柔软的“卤章鱼”。

旧书踏进新太郎。一开始端出了小菜——炖鳗肝，外观看起来像是煮黑豆，入口是扎扎实实的照烧甜味，这是有经验且毫不妥协的厨师才能做得出来的味道，令喜爱内脏的开高健惊呼痛快。

该店的招牌菜白烧星鳗，是将经过与根菜类一同煮过后的星鳗轻轻炙烧后，洒上炒过的盐及酢橘。一只一百克左右的小只星鳗摆在盘中就像是要振翅高飞般，鱼皮烤焦之处酥脆而香气十足，炒盐滋滋地轻刺舌尖。前半段约三分之一的部分吃起来相当清爽，中段带有油脂浓郁而多汁，尾端则是酥脆芳香，仅仅一条鱼就能够变化出三种滋味。

星鳗握寿司有两种做法：一为盐味；另一则是涂上酱油熬煮的酱汁。星鳗经过熬煮，与白烧星鳗的美味又不同，即使是同样的食材，但滋味却迥异。

鲔鱼中肚用的是大间所产的鲔鱼，所含的油脂恰到好处，甘美的滋味在口中迸发，令人眼睛为之一亮。将握寿司送进口中的瞬间，鱼的精华渗出，握寿司松软滑口，一粒一粒的米饭中饱含空气，非熟练技巧不可达成。

食材箱中，乌贼、鲔鱼、虾蛄、小鰶鱼、鲍鱼、比目鱼整齐地排列着，最深处的乌贼须像是在跳草裙舞般扭动着。虽然位于高级地带银座，但摆放乌贼须的方式，仍残留江户人的庶民性。

开高健必定会点的，是江户前寿司的极品——小鰶鱼握寿司，这在大阪的寿司店是吃不到的。菜刀的闪光直直地进入以醋腌过的小鰶鱼，轰然划开其身，套句开高的话来说，这就是所谓“舌尖被刀划过的锐利之味”。醋渍的程度掌握得无懈可击，而且吃来肥嫩有余。

他来到新太郎时，常是T恤加上吊带裤（连身的牛仔裤）的装扮，头上绑着头巾，一开始先从老板阿真（斋条真一）所揉制的荞麦面开始吃个不停，连揉面的速度都赶不上，喝的是日本酒。

从二十三岁进入寿屋（现今的三得利）开始，开高便负责威士忌的营销，即使二十七岁（以《国王的新衣》）获颁芥川奖，仍以兼职员工的身份留在公司，三十三岁时就任Sun-AD的董事。关于这段时期，他曾这么告白："过去的二十多年来，我是一名在酒类战争最前线的宿醉步兵，我以日本酒与啤酒为敌，从早到晚不断地写着营销文案，榨尽最后一滴精力（中略），使得威士忌一步步攻城略地，终于连寿司店的酒架上都开始摆上威士忌酒瓶。（中略）水割[①]、苏打威士忌、冰饮、纯饮要如何出场，让威士忌能与寿司、生鱼片这类和食搭配得宜，这些我从头到尾都没有想过，对于日本酒徒如此自由自在地发展出变化形式，因地制宜的情况，我惊讶得哑口无言，只得脱帽致敬了。"（《生命之水序章》）

味觉也是依"食物的气势"而变化，舌头便是大脑。食客的意识决定味觉，只要看看现今流行的料理，便能了解此一实况，"食物的气势"便是味道。

新太郎的老板阿真，身材高瘦头发花白，眼神柔和，总是一脸淡然地捏制寿司，不会故意摆出有气势的架子，也不刻意说些讨客人欢心的话。当店面还位于神保町时，来自附近出版社的客人相当多。老板娘爱子小姐明了而简洁的应对方式，有老练职人的细心，这是出自于其成长于神田的教养。

据说开高健常会在大快朵颐之时，大声地聊着喜欢的事物。当细致雪白的鲽鱼上桌时，他便喃喃地说："这像女人的大腿啊！"或是感叹："鲷鱼肝好色啊。"然后他从不细细品味，一口吞下的模样简直是一种食客的暴力。

开高健要去白令海峡旅行时，曾拜访阿真说："我出两百万，你

① 在威士忌中加入水或冰块的喝法。

跟我一块儿去。”因为他处心积虑地想要带着专业寿司师傅一同前往，好在钓到鱼时立刻做成寿司享用，然而阿真以“店不可以随便休息”为由一口回绝。

被阿真拒绝后，开高健还是另外找到其他日本料理师傅陪他去。他这种对于美食永不满足的渴望，已不只是追求舌尖上的美味，而是沁入本能所致的行为。前进白令海峡钓大比目鱼，以及带着手艺高超的料理人一同做伴，就是这种观念的具体化，是经过头脑思考后，再加以实践，充满冒险心的食欲。

一般有名的文士，由于在意世人的目光，即使有喜爱高级餐厅并经常前往，也不会将这些事写出来，公之于世。他们不喜欢被人家发觉自己享用美食的模样，想要维持一种清贫的形象。

“他们被认为谈论吃食是种庸俗之事的武士道、叶隐、儒教、修身教科书等的禁欲主义所束缚，即使曾经在享用美食的瞬间，陶醉忘我，但一离开餐厅回到自家的书斋后，又沉默地只字不提。”（《日本作家们的食欲》）

在新太郎的墙上，装饰着两张开高健的签名板。

进入此地　高喊人生呐　离开此地　高喊死亡啊　开高健

一滴朝露中也映照着天与地　御存知

昭和五十七年（1982），开高健五十二岁时，带着大好心情进到店内便说“拿签名板来”，当场流利地书写下来这些句子，“御存知”是开高健经常使用的称号。

“人生”的这段偈语，或许是想表达：“虽然这世间是地狱，但进到这间店，仍能感到喜悦。”

开高健的夫人，诗人牧羊子虽然也经常来到新太郎，但两人却不曾一同前来。牧羊子常说：“下次我会跟丈夫及女儿道子三个人一起前

盐味与刷酱汁，两种做法不同的“星鳗握寿司”。

“炙烧鲷鱼白子”。开高健非常喜爱内脏类食物。

来。”但与开高健相当亲近编辑闻言却十分肯定地断言：“无论如何都不可能发生。”确实如责任编辑所预测的，三个人从未一同出现在新太郎过，在牧羊子及道子都已经去世的现在，原因为何如今仍然成谜。

开高健不讳言地说：“食谈是以食欲为主题的情欲书刊。”“现今的男女，对食也好，对性也好，都变得非常世故。”因此为了让这些人能够直接坦白，需要花点力气。“我是虚弱无力的开高。”这是他晚年的口头禅，即使一生不断地追求美味，也明白位于食欲尽头是无尽的沙漠。

开高健最后一次出现，是昭和六十二年（1987）的除夕，在隔壁的出云荞麦面店买了荞麦面后，仅仅稍微看了一下店内，简单地打声招呼后便离开，这是在他去世两年前的事情。

开高健（かいこう・たけし，1930—1989）

生于大阪市。在寿屋宣传部以文案企划的身份崭露头角，昭和三十三年以《国王的新衣》获颁芥川奖，曾以记者的身份报道越战，创作《闪耀的黑暗》《夏之黑暗》，报告文学作品也相当众多，而钓鱼旅游记《再远一些！》《OPA！》等作品也广为人知。

后记

“作家的料理店”并不是一个只要料理好吃，就能够令人满意的地方，在那早已超越美味与否的欲望高空中，开出烟火。鸥外的爱情故事《雁》，不仅成了飞越不忍池的雁鸭火锅，也与荞麦面店莲玉庵的熏鸭有关，这或许不完全只是我的妄想而已吧。

能否从松荣亭西式炸什锦饼的巧思中，窥见漱石在伦敦生活的情形，得看读者的慧根；在神乐坂的“鱼德”，想象镜花所喜爱的江户风鱼贩め组；与镜花有关系的日本料理店中，现存的仅有神乐坂的“鱼德”；或是去浅草亚利桑那吃六十九岁、难搞的荷风所爱的炸虾，便能体验荷风晚年超然的灵魂。

如果有机会前往银座，点份茂吉爱吃的竹叶亭鳗鱼，在其诗歌集《赤光》的反射下，感受热力；浅草米久的牛锅一沸腾，就能使高村光太郎食指大动。看看美食多有力量，在银座滨作编织潜藏在谷崎《疯癫老人日记》里，充满官能享受的情色之梦。

安吾前往的浅草什锦烧店染太郎，从这里所供应的四百八十元烤乌贼须中，能否感受到《堕落论》的无尽沙漠？这也得看客人的厨艺，总之先吃了再说吧。

川端康成带着二十五岁的三岛由纪夫前往用餐的银座Candle，该店的“高级料理”为炸鸡，在战后五年，食粮物资极度不足的时代里，这正是令人垂涎的美味。炸得恰到好处的金黄鸡块，一口咬下是多么高级的享受啊。

作家之舌敏锐地反映着当下的时代，饥渴、吼叫、嚼碎，定焦在当下的情况。若能够品味银座炸鸡还属于高级料理的时代，就能够了解川端、三岛文中所透露的洋风。

贪婪、粗暴、粗鄙、虚荣、脱离不了情色又追求清廉，令人仿佛像是幻视那潜藏在料理背后的真情故事。文士的舌头与其作品交缠着，无法以一般的方式应付。

大口吃下檀一雄经常前往的西新宿山珍居肉粽后，很快就会受到豪迈男子檀一雄的放浪诱惑所唆使，想要直接飞奔出这个城市；在神保町的Luncheon喝上一杯啤酒，吉田健一这位文学绅士便会附上身来；京都上七轩万春的苹果芹菜色拉中，交杂着担任典座时代的水上勉禅味，以及轻井泽的山河之风。

在文人经常前往的料理店里，不仅仅只有绝佳的美味而已，故事的碎片成为粒子潜藏于其中。与文人有关联的料理店，现在几乎都已休业了，但本书所提及的店家还不屈不挠地残存下来，每一间都生意兴隆，其中必有因。

对于料理店来说，文人不过只是客人之一，也并非只有文人才是客人。然而只要与文人往来，文学的念力便会渗入其中。吉行淳之介曾如此明言：“不懂得料理之味的女性，在床上的表现也会不怎么样。”如果享用有乐町庆乐加了生菜的牛肉炒面，或许就能隐约看出吉行式情欲真正的姿态吧。因此，在羞耻、思慕之情与流浪浑然成为一体的作家喜爱的料理店中，或许能够体会到多不胜数的美食书所介绍完全不同的味道吧。

本书于平成二十二年（2010）出版的单行本《文士之舌》中所介绍的店家，已有两家店歇业，而此一文库版本中介绍的店家，总有一天停止营业的时刻也会来临。“作家的料理店”是有期限的，要确认味道就要趁现在。若有心想去的话就要趁现在。愿各位美食家都如愿一尝。

岚山光三郎